普通高等教育数学与物理类基础课程系列教材
省级一流课程（文科物理）建设配套教材

大学物理（文科类）

主　编　郑　燕　卢建敏　李　燕
副主编　史瑞民　刘　舵　杨明建
　　　　周晓静　王　曦　耿金鹏

北京理工大学出版社
BEIJING INSTITUTE OF TECHNOLOGY PRESS

内 容 简 介

学习物理学对培养学生的逻辑思维能力和创新能力、提高学生的科学素养具有难以替代的作用。本书是为提高文科专业大学生的科学素养而编写的物理学教材。书中没有复杂的数学公式推导，而是以生活中的物理现象、物理原理的实际应用为切入点，讲解它们背后的物理知识，书中的物理现象及其实际应用都是结合大学物理学理论体系选取的。本书通过简洁的语言、生动的图片、发人深省的科学故事介绍物理学的知识、历史、思想和方法，对提高学生的全面素质有很大帮助。

本书内容新颖、特色鲜明、可读性强，融科学性、知识性、趣味性于一体，能够激发不同专业的学生跨学科思考和学习的兴趣。全书共 5 章，分别为力学、热学、电磁学、光学、近代物理学，内容上保证了物理学科知识体系的相对完整性，章节明晰，深入浅出。

本书既可作为高等院校文科专业大学生科学素质教育通识课的物理教材，也可供其他专业有兴趣的师生参考。

图书在版编目（CIP）数据

大学物理：文科类 / 郑燕，卢建敏，李燕主编.

北京：北京理工大学出版社，2024.8（2024.10 重印）.

ISBN 978-7-5763-4423-3

Ⅰ. O4

中国国家版本馆 CIP 数据核字第 2024QC5777 号

责任编辑：陆世立　　**文案编辑：**李　硕
责任校对：刘亚男　　**责任印制：**李志强

出版发行 / 北京理工大学出版社有限责任公司
社　　址 / 北京市丰台区四合庄路 6 号
邮　　编 / 100070
电　　话 / （010）68914026（教材售后服务热线）
　　　　　　（010）63726648（课件资源服务热线）
网　　址 / http://www.bitpress.com.cn

版 印 次 / 2024 年 10 月第 1 版第 2 次印刷
印　　刷 / 河北盛世彩捷印刷有限公司
开　　本 / 787 mm×1092 mm　1/16
印　　张 / 11
字　　数 / 255 千字
定　　价 / 39.00 元

《大学物理（文科类）》
编 委 会

序 言
FOREWORD

物理学是一门研究自然界的基本规律和物质结构的基础科学，它以独特的视角和方法，揭示了宇宙万物运动的本质和规律。从微观的量子世界到宏观的宇宙结构，物理学为我们提供了认识世界的强大工具。

对文科专业大学生而言，学习物理学不仅要掌握这门学科的知识，更要拓展自己的思维方式。物理学中严谨的逻辑推理、实证的科学方法以及跨学科的知识融合，都能够为文科专业大学生提供新的思考视角，培养他们解决问题的能力。通过学习物理学，文科专业大学生能够更加全面、深入地认识和理解科技与社会、自然与人文的相互关系。

本书旨在为文科专业大学生介绍物理学的基本概念、原理和方法，内容包括力学、热学、电磁学、光学和近代物理学。本书将物理学知识与地方文化、成语、古诗词相结合，体现出文理兼容的特征，大幅提高了文科专业大学生学习物理学的兴趣。通过系统的学习，学生将掌握物理学的基本原理，为后续的学习和研究奠定坚实的基础。

物理学在各个领域都有着广泛的应用，与文科领域的交叉融合也日益紧密。无论是历史、哲学、社会学领域，还是文学领域，都可以找到物理学的身影。例如，物理学在解释文化现象、分析社会变革等方面具有独特的价值。通过学习物理学，文科专业大学生能够更好地理解这些交叉领域的研究，拓宽自己的学术视野。

随着科技的不断发展，物理学也在不断进步。量子光学、可控核聚变、X 射线通信技术等前沿领域的研究正在不断刷新我们对自然界的认识。本书介绍了这些前沿领域的研究进展和成果，引导学生关注物理学的发展动态，培养他们的创新意识和探索精神。

编者相信，随着文科与理科的深度融合和交叉发展，本书将发挥更加重要的作用。

南开大学　宋峰

2024 年 8 月

前 言
PREFACE

物理学是一门探究物质的组成及运动规律、揭示物质之间的联系和各种运动之间的关系的学科。作为自然科学的一门重要基础学科，物理学历来是人类物质文明发展的基础和动力。作为人类追求真理、探索未知世界奥秘的有力工具，物理学也是一种哲学观和方法论。物理学的发展与工业、农业的发展密切相关，也与人类社会的进步息息相关。从电话的发明到当代互联网的实时通信，从蒸汽机车的成功制造到磁悬浮列车的投入运行，从晶体管的发明到高速计算机技术的成熟……这些变化体现了物理学对社会进步与人类文明的贡献。在不远的将来，物理学前沿领域的重大成就必将引领人类文明进入一片新天地。

党的二十大报告首次提出"加强教材建设和管理"。教材作为教育目标、理念、内容、方法、规律的集中体现，是教育教学的基本载体，也是人才培养的重要支撑，还是教育核心竞争力的重要体现。本书作为提高文科专业大学生科学素养的核心教材，必须紧跟国家发展需求，不断更新升级，以便更好地服务于国家人才的培养。为拓展和完善学生的知识结构，培养更多有创造性潜力的复合型人才，大学需要调整课程，推行通识教育。在高等学校实施课程结构综合化、文理渗透教育的趋势下，全面开展人文素质和科学素质互补教育迫在眉睫。因此，在大学开设文科物理课程是必需的。文科专业大学生学习物理不仅可以拓宽知识面、锻炼动手实践能力，还能培养细致严谨的思维方式，提高科学文化素质。

编者所在的邯郸学院从 2011 年就开始实行"3+1"人才培养模式改革，旨在提高学生的知识应用能力和综合素质，在通识教育方面增设了文科物理课程。课程的开设为提高我校文科专业大学生的科学素质起到了积极作用，但一直苦于没有适合我校学生的教材。本书就是在这种状况下编写而成的，希望本书的出版能为科学文化素质教育做一点贡献。本书在编写中既保持了物理学的严谨性和逻辑性，又兼顾了内容的可读性，同时体现了自然科学内容与人文及社会问题的紧密结合，让读者既能学习一些物理知识，又能了解物理的思维方式和研究方法。希望本书能成为高质量科学普及读物，满足社会上各类读者获取物理知识和提高科学素养的需求。

本书以更适合文科专业大学生的方式，较全面地介绍了物理学的基本知识，它并不是理工科大学物理教材的压缩或简化版本。在具体内容和形式上，本书充分考虑文科专业大学生的特点，不追求物理公式的推导和定理的证明，尽量避免使用烦琐的数学语言；采用图文并茂的方式，用较通俗的语言介绍物理知识与现代科技的关系，突出物理知识与科学技术和生活实际的结合，注意学科间的联系和人文精神的渗透。对学生而言，学会物理思想和物理方法比获取物理知识本身更为重要。因此，编者结合具体内容，适当引用史料，发掘物理学家在发现物理现象和建立物理规律过程中的科学思想和方法，使学生获得物理学思想和方法的启迪。作为文科的物理学教材，本书增加了一些有趣的思考题，以扩展学生的学术襟怀和眼光，提高学生理论联系实际的能力。

在本书的编写过程中，校领导姜瑞林、王宪明给予了大力支持，并提出了宝贵意见，在此向他们表示衷心的感谢。同时，也向本书编写过程中参阅的书籍、文献的作者和图片提供者致谢。

由于编者水平有限，本书必然会有不少缺点甚至错误，望读者不吝指正。

编　者

2024 年 8 月

文科物理宣传片

目 录
CONTENTS

绪　论

物理亦文化，科学即知识。欢迎来到美妙的物理学殿堂。学习物理，了解科学，让我们像真正的物理学家一样，学会欣赏这个世界的美，使自己的视野更有高度，生命更有宽度，人生更加精彩。

1. 为什么要学文科物理

美国著名的物理学家、1965 年诺贝尔物理学奖得主理查德·费曼说过这样一段话："我讲这门课的主要目的，不是让你们如何应付考试，甚至不是让你们掌握这些知识……我最希望的是，你们能够像真正的物理学家一样，欣赏到这个世界的美妙。"物理学家看待这个世界的方式，是这个现代化时代真正文化内涵的主要部分。也许，你们不仅学会了如何欣赏这种文化，还愿意加入这个人类思想诞生以来最伟大的探索。

文理交融是时代发展对人才的要求，20 世纪，我国出现了一批学贯中西的学术巨匠：梁思成，毕生致力于中国古代建筑的研究和保护，是建筑历史学家、建筑教育家和建筑师，被誉为"中国近代建筑之父"；林徽因，建筑学家和作家，中国第一位女性建筑学家；胡适，对文学、哲学、史学、教育学、伦理学等诸多领域都有研究；竺可桢，著名地理学家、气象学家和教育家，中国近代地理学和气象学的奠基人，被公认是中国气象、地理学界的"一代宗师"。他们都是 20 世纪初的著名学者，如图 0-1 所示。

梁思成　　　林徽因　　　胡适　　　竺可桢

图 0-1　20 世纪初的著名学者

梁思成曾说过："科技与人文分离导致了两种畸形人的出现：只懂技术而灵魂苍白的空心人和不懂科技奢谈人文的边缘人……""东方居里夫人"吴健雄曾说过："为了避免出现社会可持续发展中的危机，当前一个刻不容缓的问题是消除现代文化中两种文化——科学文化和人文文化之间的隔阂……"为文科专业大学生开设物理学课程，正是消除科学文化和人文文化之间的隔阂的有效举措。

2. 物理学的重要性

1）物理学与社会进步

物理学对推动人类社会的发展起着十分重要的作用。历史上有许多与物理学直接相关的重要技术发明，它们推动了人类社会的发展。18 世纪中叶，随着蒸汽机的发展，历史上第一辆蒸汽机车诞生了［图 0-2（a）］。蒸汽机的使用，促进了手工生产向机械化大生产的转变，并使陆上和海上较大规模的长途运输成为可能，极大地推动了社会的发展。19 世纪后半叶，在电磁学研究的基础上发展起来的电力开发与利用给生产和生活带来了深刻的影响，使人类社会进入了电气时代。21 世纪，原子核物理学的研究，向人们展示了新的能源——核能，迄今为止，核能发电已在世界各国广泛应用。图 0-2(b) 所示为我国的秦山核电站。

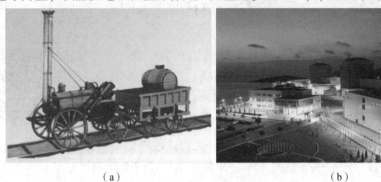

（a）　　　　　　　　　　　　（b）

图 0-2　与物理学相关的重要技术发明

(a)历史上第一辆蒸汽机车；(b)秦山核电站

　　物理学是认识世界、改变世界的科学，其研究成果和研究方法在自然科学的各个领域发挥着重要作用。物理学是高新技术的重要基础，许多高新技术(如电子与计算机、现代通信、生物、航天与空间、激光、现代医疗等)的发展都与物理学密不可分。

　　2)物理学与生活

　　物理学并非高高在上，遥不可及，而是与我们的生活息息相关。下面来看几个有趣的实验和问题。如图 0-3 所示，锤子砸下去，是蛋碎瓦全还是瓦碎蛋全？雷电现象和美丽的极光现象是如何形成的？人体带电后，头发竖起、散开是什么原因？立体电影让人身临其境，道理何在？当你打开电视机，欣赏中央电视台转播的精彩体育比赛时，当你观看播送的天气预报时，你是否会想到是遨游在宇宙中的人造卫星给你带来了这一切？你是否了解什么是通信卫星？什么是气象卫星？火箭是利用什么原理飞行的？为什么会产生潮汐现象？对于这些问题，大家在读过本书后，都能找到答案。

图 0-3　生活中的物理学

　　3. 物理学与其他学科的关系

　　随着现代科学技术的发展，各学科相互交叉、渗透，其间的联系越来越紧密。物理学不仅有其自身的特殊属性，同时与其他学科关系密切。了解物理学与其他学科的关系，有助于我们对物理学以及其他学科知识的掌握。

1）物理学与体育

在很多体育项目中都会用到物理学知识。乒乓球运动员在削球或拉弧圈球时，球的线路会改变，这运用了流体的压强与流速的关系[图0-4(a)]；鲨鱼皮泳衣模仿鲨鱼的皮肤，大大减小了游泳时水的阻力[图0-4(b)]；跳水运动员在空中时而抱膝，时而舒展，引起角速度变化，可以用角动量守恒定律来解释；桌球运动中用到了动量守恒定律。可见，学习物理学知识可以帮助运动员提高成绩。

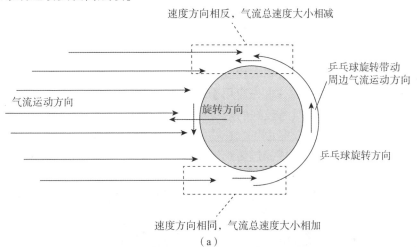

（a）

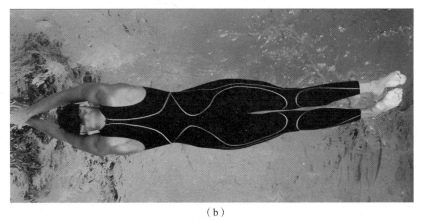

（b）

图0-4　物理学与体育

（a）乒乓球中的物理学；（b）游泳中的物理学

2）物理学与生命科学

物理学与生命科学相互影响和促进，科学史表明，生命科学的发展与物理学所提供的现代化的实验手段、技术和科学方法论息息相关。例如，利用电技术进行的生物电的实验研究，为电生理学的创立和发展做出了贡献；利用电子的波动性原理研制成的电子显微镜在生物学的发展中功不可没；X射线对生物学的飞速发展产生了重要影响[图0-5(a)]；核磁共振在揭示人体病变组织[图0-5(b)]和高分辨率下确定非晶的生物大分子结构方面展示出了神奇的功效。

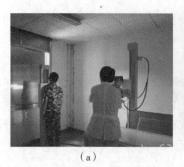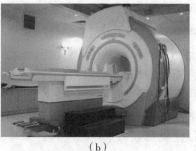

（a） （b）

图 0-5 物理学与生命科学

（a）X 射线；（b）核磁共振

3）物理学与军事

当今世界，国防力量的较量在很大程度上是科技水平的较量。物理学是制造一切先进武器的基础，物理学的重大发现往往首先应用于军事领域，如核武器、隐身材料等。我国研制的歼-20 隐形战斗机（图 0-6）具备较好的隐身性能，可以无所顾忌地在天空中飞翔而不被敌方发现。人的眼睛能看见物体，是由于光在物体上面的反射，如果物体把光全吸收了，人眼便看不到物体。如果飞机能吸收或躲过传统雷达发射的电磁波，雷达便发现不了它，这就是隐形战斗机的隐身原理。

图 0-6 歼-20 隐形战斗机

4）物理学与文学

我国的古诗词、成语和俗语中蕴含了丰富的物理知识。例如，"坐井观天"讲的是光的直线传播；"沉李浮瓜"体现了浮力原理；"潭清疑水浅，荷动知鱼散"体现了光的折射（图 0-7）；《红楼梦》中描述王熙凤出场的"但闻其声，不见其人"蕴含了声波的传播知识。这样的例子不胜枚举，本书会为大家一一呈现。

图 0-7 光的折射

5）物理学与艺术

音乐上讲究共鸣，声学上有一种现象叫"共振"，即任何物体都有其自身的振动频率，若两个频率相同的音叉相互靠近，其中一个振动发声，那么另一个也会发声。利用这个原理，许多乐器中都有共鸣箱、共鸣板等，这可以使音乐更加优美动听。物理学在音乐中的应用使得音乐更加富有质感，而音乐中的声源、琴板、琴弦等也为声学提供了实验对象（图0-8）。此外，冰上舞者曼妙的舞姿中也体现了角动量守恒定律。总之，物理学家和艺术家追寻的终极目标都指向真善美的最高境界，都展现了人类在理解世界的征途中伟大的创造力。

图0-8　乐器的弦振动

4. 物理学的研究内容

物理学的研究内容是什么呢？物理学是研究物质世界的基本结构、基本相互作用和普遍运动规律的一门学科。晚清时期，物理、化学等自然学科被统称为"格致"。1900年，上海的江南机器制造总局翻译出版了《物理学》一书，书名袭用了日版的名称。数年之后，我国逐渐统一采用了具有近代科学含义的学科名称"物理学"。

物理学的研究范围十分广泛：从 10^{26} m（约150亿光年）的宇宙大小到 10^{-18} m 的夸克大小的空间尺度；从 10^{18} s 的宇宙年龄到 10^{-24} s 的核子运动特征周期的时间尺度；从光速到静止的速率范围……

蛇吞尾图（图0-9）形象地展示了宇宙于虚空中"独立而不改，周行而不殆"的绝对运动规律，同时展示了天体物理和粒子物理的奇妙衔接。要观测不同尺度的物质，应使用不同的观测手段：我们用望远镜研究宇宙星空，用电子显微镜观察微观世界。要研究不同尺度和速度的对象，应使用不同的物理学研究：宏观低速是经典物理学的范畴，微观高速就要用量子理论和相对论来解释。

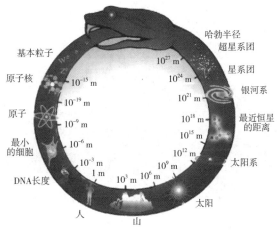

图0-9　蛇吞尾图

物理学是科技之母，也是理性之光，它既派生出许多应用性专业和技术，又积淀了浓厚的人文精华和美学色彩，其欣赏价值不亚于实用价值。本书将向大家展现一个多姿多彩的物理世界，让我们共同享受文理交融、科艺同光的学习过程，体验更加美妙神奇的大千世界，加入这个人类思想诞生以来最伟大的探索，踏上求知的愉快旅途！

第1章 ┃ 力 学

1.1 力学发展概述

力学起源于自然万象，贯穿于人类的整个发展历程。力学是人类通过对自然万象的观察、推理验证和抽象简化而建立的。时至今日，力学已经具备完整的学科结构和体系，并成为机械工程、土木工程、道路与桥梁工程、航空航天工程、材料工程等的基础。力学贯穿于人类的实践活动中，并且深刻地影响着人类的生产和生活方式。

力学发展概述

1.1.1 原始力学阶段

在原始力学阶段，人类对力的应用只是建立在经验上，这些经验来源于人类对自然现象长期的观察和生产劳动。例如，人类知道利用木棍撬起重物，懂得利用圆木的滚动来移动重物，能够使用石器这一类比较坚固的材料进行生产，如图 1-1-1 所示。经过长期的发展，人们逐渐积累起对"力"的认识，为力学的发展奠定了基础。

图 1-1-1 人类早期使用的木棍、石器等力学工具

1.1.2 朦胧力学阶段

随着人类与自然世界的不断接触，人们对力学的认识有了新的发展，对力学有了一个概念性的认识，但研究的东西相对较少，这个阶段称为朦胧力学阶段。15 世纪后半叶，欧洲的封建制度开始解体，资本主义开始兴起，随着商业资本、手工业、航海和军事的发展，力学也迅速发展起来。这一时期，哥伦布的环球航行证实了地球是一个球体，这一发现推动了动力学的发展。最早研究力学的物理学家是古希腊的阿基米德，他对杠杆(图 1-1-2)、物

体的重心、物体在水中受到的浮力等进行了系统研究，确定了它们的基本规律，初步奠定了静力学的基础。

图 1-1-2　阿基米德撬动地球的杠杆

1.1.3　完整力学阶段

伟大的意大利学者伽利略的研究开创了力学发展的新时代，证明了匀加速运动的很多非常重要的性质，奠定了运动学的科学基础。他在比萨斜塔的落球实验打破了亚里士多德这一在当时不容置疑的权威。这一时期，德国的开普勒提出了关于行星运动的三大定律，这些定律比较好地描述了行星绕日运动的规律，成为后来牛顿发现万有引力的基础。牛顿给经典动力学画上了一个圆满的句号，建立了经典的、完善的动力学体系，并将这些成果著成了《自然哲学之数学原理》一书（图 1-1-3）。

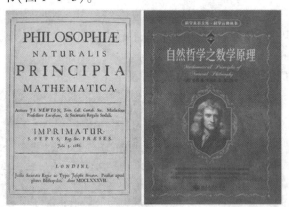

图 1-1-3　牛顿的巨著——《自然哲学之数学原理》

1.1.4　理论力学阶段

19 世纪，由于手工业的迅速发展，"功"的概念逐渐形成，"能"的概念也随着物理学、工程学的发展逐渐形成。能量守恒与转化观点的确立实现了经典物理学的第二次大综合。随着社会的不断发展，各种科学成果得到实际应用，科学方法也逐渐被应用到各种工程中，如蒸汽机的改进（图 1-1-4）等。社会的发展及工业的兴起也促进了力学的发展，随着数学分析方法的采用，理论力学向着建立普遍原理的方向不断迈进，逐渐发展成为分析力学。得益于牛顿建立了理论力学的完整体系，这些理论可以用来解决实际生产问题。

图 1-1-4 瓦特改良的蒸汽机

1.1.5 原子力学阶段

从 19 世纪末至 20 世纪，非牛顿力学发展了起来。这个时期，人类社会进入了原子力学阶段，以牛顿经典力学(简称经典力学)为基础，大批新的边缘科学出现了，它们越来越多地与其他一系列有关科学相结合。力学的模型变得越来越复杂，力学的领域也不断扩大，形成了一系列新的学科，如化学流体力学、岩土力学、生物力学、工程控制力学等。爱因斯坦的相对论指出了经典力学关于空间、时间、质量等概念的局限性，从而有可能给一些现象提供理论依据。

20 世纪以来，力学的发展和航空航天事业建立起密切的联系，这一时期孕育了其他一系列新的力学学科分支，它们从量变到质变，逐渐占领了力学的主要舞台，呈现出百花齐放、百家争鸣的壮观局面。现代力学蓬勃发展，涉及的范围非常广泛。同时，在实际生产和生活中也不断涌现出新的力学问题，需要一步步去解决。

本节问题：
(1)举例说明现代力学在生活中的应用情况。
(2)查阅资料，列举牛顿对科学发展所做的贡献。

1.2 质点运动是如何描述的

运动是物质的存在形式，也是物质的固有属性。运动学的研究内容是物体在空间位置的变化与时间的关系，以及物体机械运动的状态，一般不涉及引起运动和改变运动的原因。

质点运动是如何
描述的

1.2.1 质点

由于物体有大小和形状，各部分运动情况一般不同，因此要描述物体各个部分的空间位置随时间的变化是比较困难的。在解决问题的过程中，往往需要借助质点这个理想化模型。

在物理学中，往往忽略物体的形状和大小，将物体看成一个有质量的点，称之为质点。

显然，质点是一种抽象的物理模型，它忽略了形状、大小这样的次要因素，突出了质量这样的主要因素，从而使研究的问题大大简化。

质点"具有质量"且"占有位置"，但没有大小和形状，即没有体积。因为质点没有体积，所以质点是不可能转动的。对于任何转动的物体，在研究其自转时，都不能将其简化为质点。质点不一定是很小的物体，很大的物体也可简化为质点。同一物体有时可以看作质点，有时又不能看作质点，具体问题需要具体分析。质点是一种科学抽象，是对实际物体的近似，是一种理想化的物理模型，这也是物理学中一种常用的重要研究方法。

在生活中，我们能够找出很多质点。例如，在铁路运行图和航线图上，可以把往返于各城市之间的火车、飞机看作质点，不需要考虑它们的形状和大小。但是，在研究飞机的起飞、着陆和火车的进站、出站时，需要考虑飞机的机翼受力情况和火车的长度等因素。显然，它们这时是不能被看作质点的。在研究地球绕太阳公转时［图 1-2-1(a)］，我们可以不考虑地球自身的大小和形状，而把它当作一个质点；但在研究地球自转时［图 1-2-1(b)］，又必须考虑地球自身的大小。所以，质点的选取是相对的，自然界中不存在绝对的质点，一个物体能否被看作质点不是由它自身决定的，而是由所研究的问题决定的。

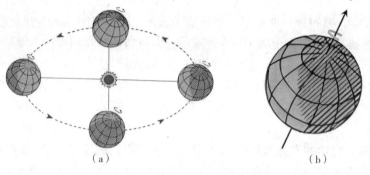

(a)   (b)

图 1-2-1　地球的公转与自转
(a)地球绕太阳公转；(b)地球自转

1.2.2　参考系

要描述一个物体的运动，首先要选定某个其他物体作为参考，观察物体相对于作为参考的物体的位置是否随时间变化，以及怎样变化。这种用来作为参考的物体或具有相同效果物体的集合称为参考系。

参考系的选择是任意的，应以观察方便和使物体的运动描述尽可能简单为原则。一般地，在地面上描述物体运动时，通常选取地面或相对于地面静止不动的其他物体作为参考系。一旦这个物体被选为参考系，就认为它是静止的。在比较不同物体的运动时，通常选择同一参考系。选择不同参考系观察同一物体的运动时，观察到的结果可能是不同的。

自然界的一切物体都处于永恒的运动中，绝对静止的物体是不存在的。但是，描述一个物体的位置及其随时间的变化，却又总是相对其他物体而言的。我们站在地球上，感觉到地球是不动的，看到的是太阳每天都东升西落。如果我们站到太阳上，将看到地球是运动的，并且在绕太阳不断地旋转。对于同一个研究对象，我们之所以得出不同的运动结论，是因为选取的参考系或者参照物不同。坐在同一列火车上的人们，看火车是静止的，而看车外的景物是运动的，这是因为他们选择了火车作为参考系。如果他们选择地面上的广告牌、树木作为参考系，那么看火车又是运动的。

1.2.3 坐标系

为了定量地描述物体的位置，进而研究物体的运动情况，我们需要在参考系上建立坐标系，这样才能应用数学工具来研究运动。对于在空间内运动的物体，我们一般选取空间坐标系来描述物体的位置，即在参考系上选取一个原点，沿两两垂直的方向建立 3 个有向坐标轴，便建立了坐标系。

在数学里，笛卡儿坐标系也称为直角坐标系，是一种正交坐标系，如图 1-2-2 所示，三维的直角坐标系是由 3 条相互垂直、零点重合的数轴构成的。在空间内，任何一点与坐标的对应关系类似于数轴上点与坐标的对应关系。除笛卡儿坐标系外，常用的坐标系还有球坐标系和柱坐标系。

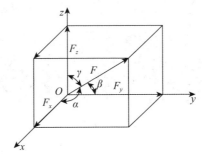

图 1-2-2 笛卡儿坐标系

1.2.4 位置矢量

位置矢量是在某一时刻，以坐标原点为起点，以运动质点所在位置为终点的有向线段。如图 1-2-3 所示，在直角坐标系中，质点 P 的位置矢量 r 可用 x、y、z 来确定，其大小为 r，其方向可由其与各坐标轴之间的夹角的余弦值确定：

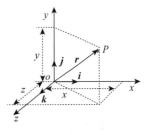

图 1-2-3 位置矢量的标定

$$r = x\boldsymbol{i} + y\boldsymbol{j} + z\boldsymbol{k}, \quad r = |\boldsymbol{r}| = \sqrt{x^2 + y^2 + z^2} \quad (1-2-1)$$

1.2.5 位移

位移表示的是一段时间间隔内位置矢量的增量，表示为末位置的位置矢量减去初位置的位置矢量。在图 1-2-4 中，质点沿曲线轨迹由点 A 运动到点 B。可以看出，位移只与质点运动的起点和终点有关。位置矢量表示某一时刻质点的位置，而位移表示一段时间内位置矢量的变化情况，即

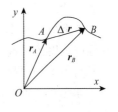

图 1-2-4 位置与位移

$$\Delta \boldsymbol{r} = \boldsymbol{r}_B - \boldsymbol{r}_A \quad (1-2-2)$$

1.2.6 速度

物理学中用速度来表示物体运动的快慢和方向。速度在数值上等于物体运动的位移与发

生这段位移所用时间的比值。速度是一个矢量，既有大小，又有方向。速度的大小称为速率。速度可以表示为

$$v = \lim_{\Delta t \to 0} \frac{\Delta \boldsymbol{r}}{\Delta t} = \frac{\mathrm{d}\boldsymbol{r}}{\mathrm{d}t} \tag{1-2-3}$$

这里描述的速度为瞬时速度，生活中的很多地方还会用到平均速度，声音在空气中传播的速度约为 340 m/s，而火箭升空（图 1-2-5）时的最大速度可达到 11 000 m/s。

图 1-2-5　火箭升空

1.2.7　加速度

加速度是速度变化量与发生这一变化所用时间的比值，是描述物体速度变化快慢的物理量，可以表示为

$$\boldsymbol{a} = \lim_{\Delta t \to 0} \frac{\Delta \boldsymbol{v}}{\Delta t} = \frac{\mathrm{d}\boldsymbol{v}}{\mathrm{d}t} \tag{1-2-4}$$

速度和加速度都表示变化的快慢，但描述的对象不同。速度的大小与加速度之间没有必然的关系。生活中常说的"启动快""机动性好""爆发力强""很灵活"等都是指物体的加速度比较大。

人们在购置汽车时，通常会考虑汽车的提速性能。如果加速度大，汽车就可以在更短的时间内达到最大速度，节省时间。例如，一般汽车需要 10 s 左右才能达到最大速度，而赛车只需要 3 s 或者更短。加速度大的汽车能在较短的时间内加速到正常行驶的速度，也可以在遇到紧急情况时很快停下；火车的加速度比较小，遇到紧急情况时难以改变运动状态，容易发生意外事故。在军事方面，笨重的运输机需要小巧的战斗机保驾护航，是因为战斗机的机动性好，速度容易改变，能在战斗中占据主动地位。庞大的航空母舰需要许多小舰艇来护卫，也是利用了小舰艇良好的机动性。在体育竞技场上，有许多运动要靠运动员的灵活性取胜，像足球比赛，灵活性好的运动员可经常改变自己的运动路线，容易绕过对方的守卫队员进球得分。

本节问题：

（1）举例说明速度与加速度的区别与联系。

（2）简述引入质点对描述物理学问题的重要性。

1.3　各式各样的机械运动

奔跑的猛兽、飞翔的鸟类、遨游的鱼类、公路上行驶的汽车、大海中航行的船只、天空中飞行的飞机都在运动。物质的本质就是运动。

亚里士多德曾说过："不了解运动，就不了解自然。"这说明运动是物质的固有属性和存在方式，没有不运动的物质，也没有离开物质的运动。运动具有守恒性，即运动既不能被创造，也不能被消灭，其具体形式是多样的，并且可以相互转化，而转化中运动总量保持不变。

1.3.1　机械运动

在物理学中，把一个物体相对于另一个物体位置的变化称为机械运动，简称运动。机械运动是自然界中最简单、最基本的运动形态。宇宙中没有不运动的物体，一切物体都在不停运动，运动是绝对的，而静止是相对的。

运动物体通过的路径叫作物体的运动轨迹。运动轨迹是一条直线的运动叫作直线运动。例如，汽车在平直公路上的运动、电梯的升降等都属于直线运动。

1. 匀速直线运动

最简单的直线运动就是匀速直线运动，即在相同的时间间隔内，物体在直线上发生的位移相同的运动。做匀速直线运动的物体，其速度的大小和方向都是不变的。例如，以一定速度在平直轨道上运行的高速列车(图1-3-1)，其运动可看作匀速直线运动。匀速直线运动一般用于描述短时间内物体的运动状态，从物体的整个运动过程来看，绝对的匀速直线运动是不存在的。

图1-3-1　以一定速度在平直轨道上运行的高速列车

2. 变速直线运动

物体在一条直线上运动，如果在相同的时间间隔内位移不等，这种运动就叫作变速直线运动。在变速直线运动中，如果物体的速度随着时间均匀增大，这种运动就叫作匀加速直线运动；如果物体的速度随着时间均匀减小，这种运动就叫作匀减速直线运动。有一种典型的变速直线运动——自由落体运动，这种运动源于重力。物体在只受重力作用时，会从静止开始下落。既然从静止开始运动，则物体的初速度 v_0 为 0。伽利略在著名的比萨斜塔落球实验中用事实证明：轻重不同的物体从同一高度坠落，加速度一样，它们将同时着地。实验中，无论轻球还是重球，都是在做自由落体运动。比萨斜塔落球实验（图 1-3-2）作为自然科学实例，为"实践是检验真理的唯一标准"提供了一个生动的例证。

图 1-3-2　比萨斜塔落球实验

1.3.2　曲线运动

物体做机械运动时，如果运动轨迹是曲线，那么这样的运动形式叫作曲线运动。在曲线运动中，运动质点在某　点的瞬时速度的方向就是通过曲线上这一点的切线的方向。因此，在曲线运动中，质点速度的方向时刻在变化。曲线运动一定是变速运动，但是变速运动不一定是曲线运动，速度的大小发生变化的直线运动也是变速运动。

从运动学角度来讲，如果物体的加速度方向和速度方向不在同一条直线上，物体就做曲线运动。从动力学角度来讲，如果物体所受合外力的方向跟物体的速度方向不在同一条直线上，物体就做曲线运动。抛体运动和圆周运动是较为常见的曲线运动形式。

1. 抛体运动

抛体运动分为平抛运动和斜抛运动。

（1）如果物体以一定的初速度沿水平方向抛出，且仅受重力作用，物体所做的运动就叫作平抛运动。例如，做匀速直线运动的轰炸机投掷的炸弹，其所做的运动就是典型的平抛运动。做平抛运动的物体，在水平方向上做匀速直线运动，在竖直方向上做自由落体运动。平抛运动是这两种运动的复合运动。平抛运动的时间由高度决定，而水平位移和落地速度由高度和初速度共同决定，在相同的时间间隔内，速度的变化量相等，方向也相同。平抛运动是加速度的大小、方向都不变的曲线运动。

（2）在物体的实际运动中，由于初速度方向并不一定沿水平方向，因此物体多做斜抛运动。在我们的日常生活中，有许多斜抛运动的实例，如马戏团将一个演员作为人体炮弹从炮膛射出（图 1-3-3），飞过竞技场舞台落入网中，就是一个典型的斜抛运动。为了加强特技效果，马戏团逐渐增加飞跃的高度和距离，到 1939 年，水平跨度已达 49 m。戴维·史密斯曾把自己作为炮弹从大炮中发射出去，并因此创造了人从大炮中射出飞行的最远距离纪录。1998 年 5 月 29 日，史密斯在美国宾夕法尼亚州西米夫林市被大炮打出 56.4 m 远，从而创造了该节目的最远距离世界纪录。

图1-3-3 马戏团发射的人体炮弹

2. 圆周运动

在物理学中，把运动轨迹是圆周的曲线运动叫作圆周运动。当考虑一个物体的圆周运动时，物体的体积可以被忽略，可以被看作一个质点。圆周运动以向心力提供运动物体所需的加速度，这个向心力把运动物体拉向圆形轨迹的中心点。如果没有向心力，物体将进行直线运动。做圆周运动的物体，即使其运动的速率不变，其运动的方向也在不停地改变。在匀速圆周运动中，线速度方向改变，而角速度不变。

在日常生活中，游乐场里的摩天轮(图1-3-4)、旋转木马上的人们、拱桥上运动的汽车，以及月球绕地、地球绕日等天体运动和电子绕原子核的微观运动，都可粗略地看作圆周运动。做圆周运动的物体，其受力方向总是指向圆心，而速度方向总是沿着圆周的切线方向，受力方向与速度方向是垂直的。研究圆周运动时，我们关注的是单位时间内运动轨迹长度变化的快慢(即线速度的大小)和单位时间内转过角度的大小(即角速度)。

图1-3-4 摩天轮

还有些做曲线运动的物体，它们既不是做圆周运动，也不是做抛体运动，我们把这种运动称为一般曲线运动，如随风飘舞的蒲公英种子、运动员击出的乒乓球等。

1.3.3 转动和振动

在运动物体上，除转动轴上各点外，其他各点都绕同一转动轴做线速度大小不同的圆周运动，这种运动叫作转动，如风力发电机组风机的转动(图1-3-5)、风扇扇叶的转动等。转动物体上各点的运动轨迹是以转轴为中心的同心圆。在同一时刻，转动物体上各点的线速度和线加速度不尽相同，但角速度和角加速度都相同。距转轴较近的点，其线速度和线加速度都较小。

图 1-3-5　风机的转动

振动（又称振荡）是指一个状态改变的过程，即物体的往复运动。振动是宇宙中普遍存在的一种现象，总体分为宏观振动（如地震、海啸）和微观振动（如基本粒子的热运动、布朗运动）。

一些振动有比较固定的波长和频率，一些振动则没有固定的波长和频率。两个靠近的振动频率相同的物体，其中一个物体振动时，另一个物体也会产生相同频率的振动，这种现象叫作共振，共振现象能够给人类带来许多好处，有时也会带来许多危害。不同的原子拥有不同的振动频率，发出不同频率的光谱，因此可以通过光谱分析仪发现物质含有哪些元素。

常温时，粒子振动幅度的大小决定了物质的形态（固态、液态或气态）。不同的物质拥有不同的熔点、凝固点和沸点，这是由粒子不同的振动频率决定的。我们平时所说的气温就是空气粒子的振动幅度。任何振动都需要能量来源，没有能量来源就不会产生振动。振动原理广泛应用于音乐、建筑、医疗、制造、建材、探测、军事等领域，对其进行深入研究能够促进科学发展，推动社会进步。

1.3.4　运动的特性

通过了解不同种类的运动形式可以发现，宇宙万物无时无刻不在运动，运动是物质的固有属性和存在方式，物质是运动的承担者。正是由于不了解万物的运动性，用静止的观点考虑问题，才有了"刻舟求剑"的荒谬；也正是知道了运动是物质的存在形式，才有了"流水不腐，户枢不蠹"的智慧。

运动是物质的本质属性，是无条件的、永恒的、绝对的。没有绝对的静止，只有绝对的运动，有些时候，有些运动容易被人们所察觉或感知，而有些运动不易被人们所感知，但并不意味着事物的静止。从古至今，喜马拉雅山都是这样巍峨耸立的吗？它运动了吗？表面上它好像静止在那里，但科学研究表明，珠穆朗玛峰正以平均每年 1.8 cm 的速度上升！可见，运动无处不在。毛泽东曾写下"坐地日行八万里，巡天遥看一千河"的诗句，其中就包含了运动的绝对性与静止的相对性的辩证统一。赤道的周长大约为 40 000 km，即使一个人在赤道上不动，由于地球自转，也就相当于他一天行走了"八万里"。我们在日常生活中，要以运动的观点去观察、认识事物，这样才能得出客观、正确的结论。

本节问题：

（1）从不同领域说明物质运动的必然性。

（2）在现实生活中能否找到绝对的直线运动？

1.4 牛顿与牛顿运动定律

物体运动的原因究竟是什么？古希腊哲学家亚里士多德认为，一切运动的物体必定受某物的驱动，外力是物体产生并维持运动的原因。例如，马拉着车行驶、船夫划桨使船行驶，这些运动必须要有劳动者，即运动必须有外力维持，否则就归于静止。在此后的千百年时间内，人们都相信亚里士多德的这种观点。然而，我们可以想象一个踢出的足球、掷出的铁饼，

牛顿与运动定律

其在行进过程中，行进方向上并没有受到一个力来维持这种运动。可见，亚里士多德对运动原因的解释并不正确。这里我们并不否认亚里士多德对科学、哲学的发展所产生的深远影响，只是强调科学是在不断进步和探索中靠近真理的。

伽利略通过科学推理得到以下结论：如果一切接触面都是光滑的，一个钢珠从斜面的某一高度静止滚下，由于没有阻力产生能量损耗，因此它必定到达另一斜面的同一高度。如果把斜面放平缓一些，也会出现同样的情况。如果把斜面变成水平面，则钢珠会一直保持一种运动状态，永远运动下去。科学的内涵即事实与规律，科学研究是要发现人所未知的事实，并以此为依据，实事求是，而不是脱离现实空想。科学是建立在实践基础上，经过实践检验和严密逻辑论证的，关于客观世界各种事物的本质及运动规律的知识体系。伽利略的斜面实验正是在演绎科学，探索真理。

伽利略研究运动学的方法是把实验和数学结合在一起，既注重逻辑推理，又依靠实验检验。他对光滑斜面的推论是通过实验观察并推理得到的，但是完全光滑的斜面在现实中不存在，因为无法将摩擦力完全消除，所以理想斜面实验属于伽利略的逻辑推理。

1.4.1 牛顿第一定律

牛顿对伽利略理想实验的数学体现给出了恰当的描述，他指出：当物体不受力或所受合外力为0时，物体的速度保持不变。此结论称为牛顿第一定律，又叫惯性定律。牛顿第一定律总结了前人的经验，并利用数学工具将其描述出来。所以说，"牛顿之所以伟大，是因为他站在巨人的肩膀上。"

牛顿第一定律的公式为

$$\sum_i \boldsymbol{F}_i = \boldsymbol{0} \Rightarrow \boldsymbol{v} \text{ 为恒量} \tag{1-4-1}$$

生活中很多现象都可以利用牛顿第一定律加以解释：跑步时，运动员到达终点后不能立即停下，由于惯性还要保持原来的运动状态向前运动；泼水时，手和水盆停止运动，而水却向前运动……牛顿第一定律是完全独立的基本定律，它的否命题揭示出力的概念，力是物体对物体的作用，力使物体的运动状态发生变化。例如，运动的足球被门将接住后，其运动状态随即改变；在排球落地前，通过给排球一个力的作用，改变其运动的方向，可以巧妙地破除扣球的威胁。

1.4.2 牛顿第二定律

力是改变物体运动状态的原因，那么力是如何改变物体的运动状态的呢？牛顿第二定律指出，力是物体动量 p 对时间的变化率，也可以说，力是通过改变加速度来改变物体的运动状态的。牛顿第二定律是力的瞬时作用规律，加速度和力同时产生、同时变化、同时消失。力是产生加速度的原因，加速度是力的作用效果，从而证明了力是改变物体运动状态的原因，而不是维持物体运动的原因。牛顿第二定律定量地说明了物体运动状态的变化和作用于物体上的力之间的关系，是力学中重要的定律，是研究经典力学的基础，阐述了经典力学中基本的运动规律。

牛顿第二定律的公式为

$$F = \frac{dp}{dt} \tag{1-4-2}$$

利用牛顿第二定律，去分析观察生活中的例子，可以解释很多问题。例如，夏天很少有人拿着棒球棍去拍打蚊子，棒球棍可以用作防身武器，用力打在人身上会对身体造成很大伤害，但是人们发现用棒球棍击中空中飞舞的蚊子时，却难以将蚊子打死。这是为什么呢？对于一只质量为 5 mg 的蚊子，棒球棍瞬间挥舞击中蚊子的速度可以达到 80 m/s，假设被棒球棍击中瞬间，蚊子在 0.05 s 内加速到与棒球棍相同的速度，虽然加速度非常大，但是，根据牛顿第二定律，可以计算出棒球棍对蚊子的作用力不到 0.01 N，几乎不会对蚊子造成伤害。

1.4.3 牛顿第三定律

牛顿第三定律指出，相互作用的两个物体之间的作用力和反作用力总是大小相等、方向相反，作用在同一条直线上。牛顿第三定律研究的是物体之间相互作用、制约、联系的机制，研究的对象至少是两个物体，对于两个以上的相互作用的物体，总可以分成若干个两两相互作用的物体对。

牛顿第三定律的公式为

$$F = -F' \tag{1-4-3}$$

作用力和反作用力是相互的，互相依赖，互相依存，均以对方的存在为自己存在的前提，没有反作用力的作用力是不存在的；力具有物质性，不能脱离物体（物质）而存在；力是由两个及以上物体之间的相互作用产生的。牛顿第三定律也具有瞬时性，即作用力和反作用力的同时性，它们是同时产生、同时消失、同时变化的，作用力与反作用力的地位是对等的，称谁为作用力谁为反作用力是无关紧要的。

牛顿第三定律也时时刻刻应用在我们的生活中，例如，用桨向后划水，水向前推桨；喷气式飞机向后喷出高温高压的气体，气体向前推动飞机……

牛顿三大定律构成了物理学和工程学的基础。正如欧几里得的基本定理为现代几何学奠定了基础一样，牛顿三大定律为物理学的建立提供了基本定理。牛顿三大定律的提出、万有引力的发现和微积分的创立使得牛顿成为过去一千年中最杰出的科学巨人之一。牛顿三大定律建立的过程也是科学发展的过程，正是由于对权威的大胆怀疑和挑战，伽利略站到了亚里士多德的对立面，引发了对力与速度关系的讨论，从而使牛顿第一定律诞生，继而使牛顿第二、第三定律相继被揭示。随着人们对力学的本质现象的理解，热力学等相关学科逐步诞生，经典物理学逐步建立起来。自然科学的发展正是如此，只有不断地怀疑、不断地假设、不断地论证，才能使科学进步！

本节问题：

(1)同身边人讲一讲关于牛顿"苹果落地"的故事。

(2)试用牛顿第三定律解释拔河运动中双方的受力情况。

1.5 从万有引力到天体运动

在距离地球数百千米之外，众多人造地球卫星在以不同周期绕地球运转；登上月球已不再是遥不可及的梦想；距离地球数亿光年的星系已被哈勃望远镜尽收眼底。这一切都要归功于数学、物理的发展。康德曾经说过："能充实心灵的东西，乃是闪烁着星星的苍穹，以及我内心的道德律。"

从万有引力到
天体运动

1.5.1 地心说与日心说

古人认为地球是宇宙的中心，是静止不动的，其他星球都环绕着地球而运行。"地心说"的起源很早，最初由米利都学派形成初步理念，后由古希腊学者欧多克斯提出，经亚里士多德完善，又让托勒密进一步发展成为"地心说"(图1-5-1)。"地心说"认为，地球之外有9个等距天层，由里到外的排列次序是月球天、水星天、金星天、太阳天、火星天、木星天、土星天、恒星天和原动力天，此外空无一物。上帝推动了恒星天层，才带动了所有天层的运动。人类居住的地球，则静静地屹立在宇宙中心。在之后的约1 300年中，"地心说"一直占统治地位。

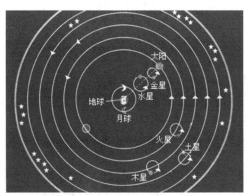

图1-5-1 "地心说"行星运行图

哥白尼提出了"日心说"(图1-5-2)，它认为宇宙的中心是太阳而不是地球，有力地否定了长期以来居于宗教统治地位的"地心说"，实现了天文学的根本变革。哥白尼自始至终都是一个虔诚的天主教徒，可他用科学的观察否定了天主教会毫无根据却又影响深远的旧有知识，引发了人类对宇宙认识的革命，使人们的整个世界观都发生了重大变化。

"日心说"的观点如下。

(1)地球是球形的。如果在船桅顶放一个光源，当船驶离海岸时，岸上的人们会看见亮光逐渐降低，直至消失。

（2）地球在运动，并且每 24 h 自转一周。因为天空比地球大得多，如果无限大的天空在旋转而地球不动，实在是不可想象。

（3）太阳是不动的，而且在宇宙中心，地球以及其他行星都一起围绕太阳做圆周运动，只有月亮环绕地球运行。

简单地说，"地心说"是以地球为宇宙的中心，"日心说"是以太阳为宇宙的中心。

图 1-5-2 "日心说"行星运行图

1.5.2 开普勒定律

1. 开普勒第一定律

开普勒在《宇宙和谐论》中认为：每一个行星都沿各自的椭圆轨道环绕太阳运行，而太阳则处在椭圆的一个焦点上。而在此之前，人们认为天体的运行轨道是"完美的圆形"。开普勒第一定律开创了正确认识地球运行轨道的先河。

2. 开普勒第二定律

开普勒第二定律，也称面积定律，指的是太阳系中太阳和运动中的行星的连线（位置矢量）在相等的时间内扫过相等的面积，如图 1-5-3 所示，$S_1 = S_2$。该定律最初刊布在 1609 年出版的《新天文学》中，该书还指出该定律同样适用于其他绕心运动的天体系统中。开普勒第二定律是对行星运动轨道更准确的描述，为哥白尼的"日心说"提供了有力证据，并为牛顿后来的万有引力定律的证明提供了论据，和其他两条开普勒定律一起奠定了经典天文学的基石。

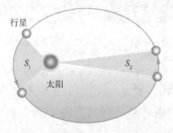

图 1-5-3 开普勒第二定律示意图

3. 开普勒第三定律

开普勒第三定律的常见表述是：绕以太阳为焦点的椭圆轨道运行的所有行星，其各自椭

圆轨道半长轴 a 的三次方与周期 T 的二次方之比是一个常量。开普勒第三定律的发现是天文学的一次革命，它摧毁了托勒密繁杂的本轮宇宙体系，完善和简化了哥白尼的日心宇宙体系。它对后人发现太阳系结构的奥秘具有重大的启发意义，为经典力学的建立、牛顿万有引力定律的发现，都给出了重要的提示。开普勒第三定律的公式为

$$\frac{a^3}{T^2} = k = \frac{GM}{4\pi^2} \tag{1-5-1}$$

式中，k 为开普勒常数，其只与中心天体有关；G 为引力常量；M 为中心天体的质量。

1.5.3 万有引力定律

牛顿认为，地球与太阳之间的引力与地球对周围物体的引力可能是同一种力，遵循相同的规律，从而在开普勒定律的启发下，开创性地提出了万有引力定律，并于 1687 年在《自然哲学之数学原理》这本力学奠基之作上发表。万有引力定律认为，如同天体之间存在引力一样，任意两个质点之间都受到沿连心线方向的引力相互吸引。该引力大小与它们质量 m_1、m_2 的乘积成正比，与它们距离 r 的平方成反比，与两物体的化学组成和其间介质种类无关。万有引力定律的发现，是 17 世纪自然科学最伟大的成果之一。万有引力定律示意图如图 1-5-4 所示，用公式描述为

$$F_{引} = G\frac{m_1 m_2}{r^2} \tag{1-5-2}$$

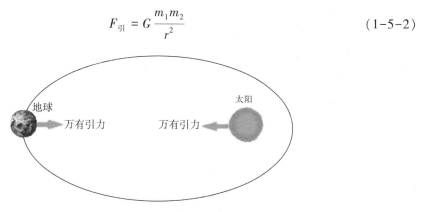

图 1-5-4　万有引力定律示意图

万有引力定律揭示了天体运动的规律，在天文学和宇宙航行计算方面有着广泛的应用。它为实际的天文观测提供了一套计算方法，可以只凭少数观测资料，就能算出长周期运行的天体运动轨道。科学史上哈雷彗星、海王星的发现，都是应用万有引力定律取得重大成就的例子。利用万有引力定律公式、开普勒第三定律公式等还可以计算太阳、地球等无法直接测量的天体的质量。牛顿还解释了月亮和太阳的万有引力引起的潮汐现象。他依据万有引力定律和其他力学定律，对地球两极呈扁平形状的原因和地轴复杂的运动成功进行了说明。同时，推翻了古代人类认为的神之引力。

牛顿在提出万有引力定律时，没能得出引力常量 G 的具体值。G 的数值（$G = 6.67 \times 10^{-11}$ N·m²/kg²）于 1798 年由卡文迪许利用他所发明的扭秤得出。卡文迪许的扭秤实验（图 1-5-5），不仅以实践证明了万有引力定律，同时让此定律有了更广泛的使用价值。由于扭秤实验的巧妙之处和较高的精确度，该实验成为物理学发展史中的最美实验之一。

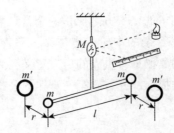

图 1-5-5 卡文迪许的扭秤实验

通过表 1-5-1 可以看出，地面上物体间的万有引力非常小，而宇宙中天体之间的万有引力非常大。万有引力定律把地面上物体运动的规律和天体运动的规律统一了起来，对物理学和天文学的发展具有深远的影响，其第一次揭示了自然界中一种基本相互作用的规律，在人类认识自然的历史上树立了一座里程碑。

表 1-5-1 常见的几种万有引力的比较

两个物体	距离/m	引力的数量级
苹果与苹果	0.1	10^{-8}
成人与成人	1	10^{-7}
万吨轮船与万吨轮船	100	10^{0}
地球与月球	10^{8}	10^{20}
太阳与地球	约 10^{11}	10^{22}

本节问题：

(1)简述万有引力应用的条件。

(2)举例说明生活中万有引力定律的应用。

1.6 生活中的常见力

在日常生活中，我们能够觉察到地球在围绕太阳运转，天文学告诉我们，太阳系中的行星都在围绕太阳这颗恒星做圆周运动，那么是什么作用促使它们做这样的运动呢？雨天我们看到雨滴从天而降，那么为什么雨滴是自上而下运动而不是向上运动呢？我们都有过骑自行车的经历，当我们需要停车时，通过刹车片就可迫使自行车停下来，这又是一种什么作用呢？生活中的很多现象都跟力学有关，可以说，我们就生活在力学的世界里。

生活中的常见力

1.6.1 力的概念

力是力学中的基本概念之一，是使物体改变运动状态或产生形变的根本原因。推拉物体时，可以意识到"力"的模糊概念。被推拉的物体进行运动，以及物体滑行时，由于摩擦而逐渐变慢，最后停止下来，都反映了力的作用。我国古代文献《墨经》就把这个概念总结为"力，形之所以奋也"。力的概念在牛顿力学中占有最根本的位置。牛顿在 1664 年就提出了力的定义是动量的时间变化率。牛顿第一定律给出力在什么条件下存在和在什么条件下不存在的定性条件。

当代物理学认为，力是物体对物体的作用，力不能脱离物体而单独存在。两个不接触的物体之间也可能产生力的作用。根据力的效果不同，力可以分为拉力、张力、压力、支持力、动力、阻力、向心力、恢复力等多种形式。但就其本质而言，常见的力可以归纳为3类：重力、摩擦力和弹力。

1.6.2　重力

重力是力学中最重要、最基本的概念之一。静止在地面上的物体，所受的重力是地球对物体的万有引力的不能产生加速度作用效果的那个分力，能产生加速度作用效果的另一个分力，即物体随地球自转所需要的向心力。简单地说，地面附近一切物体都受到地球的吸引，由于地球的吸引而使物体受到的力叫作重力。重力的方向总是竖直向下，如图1-6-1所示。重力的存在，使地球表面附近的物体被吸附在地球表面而不飞向空中。物体受到的重力的大小跟物体的质量成正比。

物体对支持物的压力(或对悬挂物的拉力)大于物体所受重力的情况称为超重现象，物体对支持物的压力(或对悬挂物的拉力)小于物体所受重力的情况称为失重现象。例如，在静止的电梯中，称量一个物体的质量是3.8 kg；当电梯加速上升时，物体的视重大于3.8 kg；当电梯减速上升时，物体的视重小于3.8 kg。地面附近的超重与失重现象都是由参考系的变速运动造成的。

图1-6-1　地球周围物体所受的重力

地球上的重力消失以后，人、家具、汽车甚至那些在你桌上的铅笔和纸张等，都会突然间像失去了留在地球上的理由一样，成为无根之物，开始随处飘浮。还有我们赖以生存的两样东西——空气和水，它们同样是靠重力才覆盖在地表上的。若地球上没有了重力，所有的水分和空气都将逸散到太空中，大气层将不复存在，再也不能保护人类免受宇宙辐射侵袭的危害。月球就是一个很好的例子，因为对于同一个物体，其在月球上受到的重力只有在地球上的1/6，所以月球不能留住空气形成大气层，其上面几乎是真空。没有了空气，所有生物都将灭亡。地球上的重力对人类来说是十分重要的，虽然我们看不见摸不着甚至意识不到它，但我们不能离开它，也经受不起它有任何大的变化。

1.6.3 摩擦力

两个相互接触并挤压的物体，当它们发生相对运动或具有相对运动趋势时，就会在接触面上产生阻碍相对运动或相对运动趋势的力，这种力叫作摩擦力。摩擦力的方向与物体相对运动或相对运动趋势的方向相反。摩擦力分为滑动摩擦力、静摩擦力和滚动摩擦力 3 种。滑动摩擦力的方向与相对运动的方向相反。滑动摩擦力的大小与接触面粗糙程度和压力的大小有关。压力越大，物体接触面越粗糙，产生的滑动摩擦力就越大。

一个物体的运动状态，随着它所受外力的变化而变化。当静摩擦力增大到最大静摩擦力时，物体就会运动起来。物体滚动时所受到的摩擦力称为滚动摩擦力，它实质上是静摩擦力。滚动过程中接触面一直在变化，接触面越软，形状变化越大，滚动摩擦力就越大。一般情况下，物体之间的滚动摩擦力远小于滑动摩擦力。

在生活中，很多地方需要减小摩擦力，一般通过减小两个物体间的压力、减小两个物体间接触面的粗糙程度、用滚动摩擦代替滑动摩擦、加润滑油或者气垫以及使两接触面彼此分开等方法实现。例如，在游泳比赛中，运动员的泳衣都是紧身的，并且较光滑，为的就是减小运动员与水之间的摩擦力；在冰壶运动（图 1-6-2）中，要时刻保持冰壶与地面间的光滑。相反地，很多地方也需要增大摩擦力，例如，雪天在车轮上加装防滑链、短跑运动员穿钉子鞋、在普通鞋底上印花纹等，都是为了增大与地面之间的摩擦力。

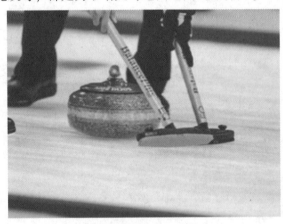

图 1-6-2　冰壶运动

1.6.4 弹力

物体在力的作用下发生的形状或体积改变叫作形变。在外力停止作用后，能够恢复原状的形变叫作弹性形变。发生形变的物体，由于要恢复原状，要对跟它接触的物体产生力的作用，这种作用叫作弹力。

例如，一个重物放在塑料板上，被压弯的塑料要恢复原状，产生向上的弹力，这就是它对重物的支持力。将一个物体挂在橡皮筋上并把橡皮筋拉长，被拉长的橡皮筋要恢复原状，产生向上的弹力，这就是它对物体的拉力，如图 1-6-3 所示。不仅塑料、橡皮筋等能够发生形变，任何物体都能够发生形变，不发生形变的物体是不存在的。不过有的形变比较明显，能直接观察到；有的形变相当微小，必须用仪器才能测量出来。

物体在受到足够大的外力作用时，会发生永久性的形变，即在外力撤去之后其形变可保存下来，称作塑性形变。与弹性形变不同，塑性形变是一种不可自行恢复的形变。不是任何工程材料都具有塑性形变能力。金属、塑料等都具有不同程度的塑性形变能力，故可称为塑性材料。玻璃、陶瓷、石墨等脆性材料则无塑性形变能力。

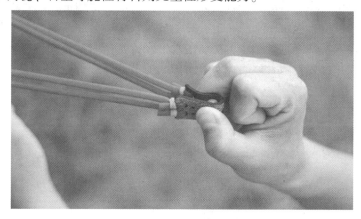

图 1-6-3 被拉长的橡皮筋

力学知识在生产和生活中是很有用的，从宇宙天体到微观的分子、原子，处处存在着各种各样的力，了解这些力能给我们的生活带来便利，使我们的生存环境更美好！

本节问题：

（1）假如地球上的重力消失，那么猜想一下会发生什么事情？

（2）除文中所举的例子，生活中还有哪些地方需要减小摩擦力？

1.7 高空坠物与动量定理

古人用"水滴石穿""绳锯木断"比喻力量虽小，只要坚持下去，事情就能成功。这说明即使很小的力，只要有足够的时间，也能显示出无穷的力量。这种说法，从感性上说，是教育人们只要坚持不懈，再细微的力量也能成就非凡的功绩；从理性上说，这样的描述也有着坚实的理论根据。高空抛物现象被称为"悬在城市上空的痛"。近年来，高空坠物致人伤亡的案例不断见诸报端，引发全社会广泛关注。即使质量很小的物体，从高处落下后，也会对人造成较大的伤害。而这些与物理学中的动量定理密切相关。

高空坠物与动量定理

1.7.1 动量与冲量

在物理学中，把质量与速度的乘积称为动量 p。动量是衡量让运动物体停下来难度的物理量，动量越大，越难停下来。或者说动量表示物体在它运动方向上保持运动的趋势。保持运动的趋势越大，让它停下来的难度就越大。把力对时间的积累效果称为冲量 I，可以看出冲量是改变质点机械运动状态的原因。

动量公式：

$$\boldsymbol{p} = m\boldsymbol{v} \tag{1-7-1}$$

冲量公式：

$$\boldsymbol{I} = \int_{t_1}^{t_2} \boldsymbol{F} \mathrm{d}t \tag{1-7-2}$$

由于重力的作用，跳水运动员会自动地、无法控制地获得动量，之后，跳水运动员的动量会在入水时达到峰值，但由于水的冲击，其动量在入水后会逐渐减小，水对跳水运动员的阻力的冲量不断积累，最终直到跳水运动员在水中保持平衡时冲量回归0。这说明冲量的积累过程是动量的变化过程，两者之间存在着密切的关系。

1.7.2　动量定理

动量与冲量间经过简单的数学推导，可以得到以下关系式：

$$\boldsymbol{F} = m\boldsymbol{a} \tag{1-7-3}$$

$$\int_{t_1}^{t_2} \boldsymbol{F} \mathrm{d}t = \boldsymbol{I} \tag{1-7-4}$$

$$m \int_{t_1}^{t_2} \boldsymbol{a} \mathrm{d}t = m\boldsymbol{v} - m\boldsymbol{v}_0 \tag{1-7-5}$$

动量定理公式：

$$\boldsymbol{I} = m\boldsymbol{v} - m\boldsymbol{v}_0 = \boldsymbol{p} - \boldsymbol{p}_0 \tag{1-7-6}$$

利用动量定理可以解释水滴石穿(图1-7-1)和绳锯木断，水滴从高处下落所具有的速度很大，而与石头接触的时间很短，就会造成水滴与石头之间的作用力较大，日积月累，就可以把石头穿透。绳子锯木材的速度较快时，也会在绳子与木材之间产生较大的力，足够长的时间就可以将木材锯断。

图1-7-1　水滴石穿

当两个物体相互作用时，它们接触的时间实际是非常短的，从而产生的力非常大，我们把两个物体作用时所产生的力叫作冲力。一般我们在解决实际问题的时候，通常会运用平均冲力来计算两物体作用过程中冲力的大小，由动量定理可以发现，要使得物体的动量发生一定的改变，当力比较小时，需要的时间长，而当力比较大时，需要的时间短。例如，跳远、跳高和投掷铅球。

汽车上所用的安全气囊(图1-7-2),是指安装在汽车上的充气软囊,在车辆发生撞击事故的瞬间弹出,以达到缓冲的作用,保护驾驶员和乘客的安全。船靠在岸边,在浪的冲击下以及受载时,会发生摇晃、移动,与码头的岸壁发生碰撞、摩擦,绑上废旧的汽车轮胎,可以使船和码头隔离开,有缓冲、保护的作用。骑行头盔内衬是一个很贴心的设计,它的主要作用是防止头部与头盔直接碰撞,可以提升佩戴舒适感,在头部受到撞击时产生缓冲作用。一些电器或水果等都在外侧包装有泡沫材料,它可以保护内部不受直接碰撞而破损,利于运输和保存。这些都是通过延长作用时间来减小作用力。

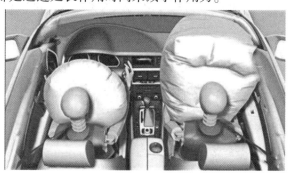

图1-7-2 汽车安全气囊的作用

"以卵击石"(图1-7-3)说的是拿鸡蛋去碰石头,比喻不估计自己的力量,自取灭亡。鸡蛋壳相较于人的头部,也算是比较脆弱的,但一个从25楼抛掷下来的鸡蛋就可致人当场死亡。如果一个质量约60 g的鸡蛋从8楼自由坠落,我们可以得出,其冲击力换算成质量大概是14 000 g,大约是鸡蛋本身质量的233倍。同理,要是鸡蛋从5楼、18楼自由坠落,那其冲击力分别约为10 200 g、19 800 g,大约是其本身质量的170倍与330倍。可见,鸡蛋虽小,但是如果从高空抛下,它的伤害力也是不容小觑的。

图1-7-3 以卵击石

动量定理,讲的是客观世界中力的时间效果,而在我们的主观世界中,也应该注重个人善举的积累、恶行的避免,做到"勿以恶小而为之,勿以善小而不为",在全社会倡导善举善行,共同创造美好的生活。

本节问题:

(1)举例说明,在生活中如何用较小的力发挥较大的作用,并阐述其中道理。

(2)飞机在飞行时撞到鸟会对飞行安全构成很大的威胁,简述其中原因。

1.8 从钻木取火到功能关系

燧人氏取火是中国古代神话传说之一。传说在一万多年前，燧人氏在燧明国(今河南商丘一带)发明了钻木取火，开启了华夏文明。在现代文明中，钻木取火是野外生存中重要的取火方法，它可以在任何地形、任何天气情况下取火，是野外求生者的救命手段。钻木取火蕴含着丰富的物理学知识，需要利用功和能的观点去解释。

从钻木取火到
功能关系

1.8.1 能量

物质世界中，奔跑的猎豹、漫天飞舞的蒲公英都含有能量，这种因运动或高度而具有的能量，称为机械能。人类和动物所吃的食物中，含有大量的能量，像柴油、汽油这类燃料中也蕴含着大量的能量，这些能量都属于化学能。此外，还有光能、声能、电能、风能等。可以说，人类离开能量是无法生存的。

1.8.2 功、做功与功率

物理学上，机械功是指力对空间的积累，机械功通常称为功。功是标量，单位为焦耳，符号为J。物理学规定，设一个力作用在物体上，并且使物体在力的方向上移动了一段距离，就说这个力对物体做了功。

如图 1-8-1 所示，举重运动员在举起杠铃的过程中，运动员克服重力将杠铃从下向上举起，所受重力方向与杠铃的位移方向相反，所以运动员对杠铃的力做正功，而重力做负功。当杠铃举过头顶时，需要停顿一定时间，这时运动员对杠铃的力仍向上，而杠铃并未发生位移，因此在这段时间内，运动员对杠铃并未做功。

图 1-8-1 运动员举起杠铃

如果力是位置或时间的函数，质点在力的作用下沿一曲线运动，如图 1-8-2 所示。首先写出在力 F 的作用下质点或物体发生元位移 dr 的过程中，力所做的元功 dW，然后将这一元功沿位移进行路径积分得到整个过程力所做的功 W，即

$$W = \int_A^B F \cdot dr \qquad (1-8-1)$$

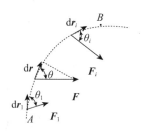

图 1-8-2 力的做功

为了比较做功的快慢，我们可以比较完成相同的功所用的时间，也可以比较在相同的时间内完成的功。这里引入功率来比较做功的快慢。力在单位时间内所做的功称为功率。

平均功率：

$$\overline{P} = \frac{\Delta W}{\Delta t} \tag{1-8-2}$$

瞬时功率：

$$P = \lim_{\Delta t \to 0} \frac{\Delta W}{\Delta t} = \frac{\mathrm{d}W}{\mathrm{d}t} = \boldsymbol{F} \cdot \boldsymbol{v} \tag{1-8-3}$$

1.8.3 功与能的关系

做功是一个过程，而能量是物体某时刻的状态。功是能量转化的量度。做功的过程就是能量转化的过程。例如，对于拉弓射箭的过程，人体通过消耗自身的化学能，做功拉动箭弦，增加了弦的弹性势能，再传递给箭，使之具有一定的动能，从而发射出去。

功和能之间的变化是双向的，能量可以用来做功，功也能转化为能量的形式。钻木取火过程，就是通过做功增加了木头的内能，当木头的温度升高到其着火点时，木头就被点燃了。

本节问题：

（1）查阅资料，试解释地球上的能量从何而来。

（2）如何提高做功的效率？

1.9 刚体运动的描述

随着现代科学技术的飞速发展，翱翔太空的梦想已经实现，从 1970 年的东方红一号卫星，到现在的北斗系列卫星，我国的航天航空技术已经达到了世界先进水平。我们甚至可以在卫星上观察到地面上行驶的汽车，其在卫星看来就是一个很小的点，这样的点可以看作质点，通常只需要描述质点的运动规律。

刚体运动是如何描述的

1.9.1 刚体

对于需要考虑形状、大小的物体，在物理学中研究这类物体的运动规律时，一般需要把它看作刚体。刚体是指在外力作用下，形状和大小都不发生变化的物体。与质点类似，刚体也是力学中的一个科学抽象概念，即理想模型。刚体可看作一个各质点之间无相对位置变化且质量连续分布的质点系。事实上任何物体受到外力，形状都会改变，实际物体都不是真正的刚体。若物体本身的变化不影响整个运动过程，为使被研究的问题简化，可将该物体当作刚体来处理而忽略其体积和形状，这样所得的结果仍与实际情况相符合。

如图1-9-1(a)所示，我们在推开一扇门的过程中，门受力而引起的形变对推门这个运动来说，是可以不考虑的，这时可以将门看作刚体。如图1-9-1(b)所示，我们往桌子上钉钉子时，也可以不考虑钉子本身由于受打击而产生的形变，只关注钉子的整体运动，这时可以将钉子看作刚体。

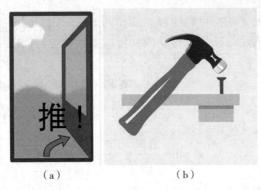

（a）　　　　　　　　（b）

图1-9-1　推门和钉钉子

(a)推门；(b)钉钉子

1.9.2　刚体的平动与转动

如图1-9-2所示，如果在运动中，刚体上任意两个质点连线的空间方向始终保持不变，则称刚体的这种运动为平动。在研究刚体的平动时，组成刚体的任意一个质点的运动都是相同的，这时可不考虑刚体的大小和形状，而把它作为质点来处理，质点的运动规律同样适用于刚体的平动。

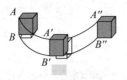

图1-9-2　刚体的平动

转动是刚体绕着一个轴心或者旋转中心运动的过程，可以分为定点转动和定轴转动，如图1-9-3所示。定点转动是指绕固定点转动的刚体只有一点不动，而其余各点则分别在以该固定点为中心的同心球面上运动。刚体做定轴转动时，转轴上的点都保持静止，其他点的角速度和速度都不尽相同。

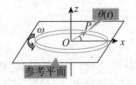

图1-9-3　刚体的转动

1.9.3 刚体绕定轴转动的角速度和角加速度

1. 角速度

角位移 θ：刚体上任意一点 P 的位置矢量与 x 轴的夹角。角位移不但有大小而且有方向。一般规定沿逆时针方向的角位移取正值，沿顺时针方向的角位移取负值。

转动方程：

$$\theta = \theta(t) \qquad\qquad (1-9-1)$$

角速度：

$$\omega = \frac{\mathrm{d}\theta}{\mathrm{d}t} \qquad\qquad (1-9-2)$$

角速度是描述刚体转动快慢和方向的物理量。

2. 角加速度

把加速度的定义方法类比过来，若角速度在 $\mathrm{d}t$ 时间内变化了 $\mathrm{d}\omega$，那么用 $\mathrm{d}\omega$ 和 $\mathrm{d}t$ 的比值来描述角速度的变化快慢，这一比值称为角加速度。

角加速度表达式为

$$\alpha = \frac{\mathrm{d}\omega}{\mathrm{d}t} \qquad\qquad (1-9-3)$$

速度和加速度一般用来描述质点的运动状态，而角速度和角加速度一般用来描述圆周运动或者刚体的转动。

1.9.4 刚体运动规律的应用

如图 1-9-4 所示，直升机都是通过螺旋桨的旋转升空的。仔细观察的话，我们会发现几乎所有的直升机都有前后两个螺旋桨，只不过有的直升机后面的螺旋桨是在一个竖直平面上旋转，有的直升机后面的螺旋桨是在一个水平面上旋转。通过仔细分析，我们可以了解到：这是刚体定轴转动规律的一个应用。当直升机需要做直线运动时，直升机这个刚体的转动角加速度应当为 0，这样才能使刚体定轴转动的角速度为 0。

图 1-9-4 悬停于空中的直升机

空中走钢丝是人们非常喜欢的杂技节目，如图 1-9-5 所示，演员在表演这个节目时会一直把手臂水平伸直或者横握一根细长的直杆。这是为什么呢？我们可以用刚体定轴转动的规律进行解释。因为演员在表演过程中其身体几乎没有形状改变，故这时可以将其近似地看作一个刚体，钢丝就是这个刚体做定轴转动的轴。这时的刚体一旦产生定轴转动，演员就会从钢丝上掉下来，节目就失败了。所以要避免刚体定轴转动的发生，也就是让其角速度始终为0。

图 1-9-5　空中走钢丝

本节问题：

简要描述直升机在空中悬停时主螺旋桨和尾翼螺旋桨转动的规律。

1.10　力学中的守恒定律

《道德经》中讲到："有物混成，先天地生，寂兮寥兮，独立而不改，周行而不殆，可以为天地母。"早在春秋时期，老子就认识到，有一个东西在天地形成以前就已经存在，听不到它的声音也看不见它的形体，寂静而空虚，不依靠任何外力而独立长存永不停息，循环运行而永不衰竭，可以作为万物的根本。这说明天地万物运动的总量是不变的，这里的"根本"，就是描述这个运动总量如何不变的规则。

力学中的守恒定律

1.10.1　动量守恒定律

法国的哲学家笛卡儿曾提出，质量和速率的乘积可以代表一个物理量。然而，速率是一个没有方向的标量，两个相互作用的物体，若最初都是静止的，速率都是0，系统的这个物理量初始值也是0。相互作用后，两个物体都获得了一定的速率，系统的这个量不再为0。显然，用质量和速率的乘积所描述的这个物理量是不守恒的。后来，牛顿把笛卡儿的定义略做修改，即不用质量和速率的乘积，而用质量和速度的乘积，这样就得到了一个量度守恒的合适的物理量，这个量被牛顿叫作"运动量"，就是我们前面所学的动量。

经过长期的观察和总结，牛顿认为，在一个封闭系统中，动量是守恒的，即不受外力或外力矢量和为**0**时，这个封闭系统的动量总和保持不变。我们把这个规律称为动量守恒定律。

动量守恒定律：

$$\sum \boldsymbol{F}_i = \boldsymbol{0}, \quad \sum m_i \boldsymbol{v}_i = 常矢量 \tag{1-10-1}$$

手枪击发子弹后，枪托会向后运动(图1-10-1)，这是为什么呢? 在击发子弹之前，子弹与枪体的总动量为0，而击发子弹后，子弹的动量向前，必将有一个向后的动量与之相对应，才能使总动量保持为0。在应用动量守恒定律时，我们要考虑这样的条件：系统根本不受外力或者有外力作用但系统所受外力的矢量和为0，或在某个方向上外力的矢量和为0(非理想条件)；系统所受的外力远比内力小，且作用时间极短。

图1-10-1　子弹击发瞬间

在碰撞或者爆炸过程(图1-10-2)中，系统不受外力或者在某个方向不受外力，那么在这些过程中，都可以认为系统的动量是守恒的。物体的机械运动都不是孤立发生的，它与周围物体间存在着相互作用，这种相互作用表现为运动物体与周围物体间发生着机械运动的传递(或转移)过程，动量正是从机械运动传递这个角度度量机械运动的物理量，这种传递是等量地进行的，传递的结果是总动量保持不变。

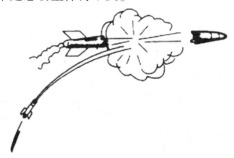

图1-10-2　导弹爆炸瞬间

1.10.2　机械能守恒定律

在物理学中，我们把物体由于做机械运动而具有的能量称为动能，它与物体的质量和速度相关，大小定义为物体质量与速度二次方乘积的1/2。质量相同的物体，运动速度越大，具有的动能越大；运动速度相同的物体，质量越大，具有的动能越大。

动能：

$$E_k = \frac{1}{2}mv^2 \tag{1-10-2}$$

式中，m 为物体的质量；v 为物体的速度。

势能是储存于一个系统内的能量，它可以释放或者转化为其他形式的能量。势能是状态量，又称作位能。势能按作用性质的不同，可分为重力势能、弹性势能、电势能和核势能等。力学中的势能一般是指重力势能或弹性势能。势能不是单独物体所具有的，而是相互作用的物体所共有的。例如，处于高处的小球释放后，在重力作用下下落，其动能的来源就是小球原来所具有的重力势能。处于弹簧上端的小球能够被弹起来，其能量来源于弹簧所具有的弹性势能。

势能：

$$E_p = mgh \text{ 或 } E_p = \frac{1}{2}k\Delta x^2 \tag{1-10-3}$$

式中，m 为物体的质量；g 为重力加速度；h 为物体所处的高度；k 为弹簧的劲度系数；Δx 为弹簧的长度变化量。

在只有重力或弹力做功(或者不受其他外力的作用)的物体系统内，物体系统的动能和势能(包括重力势能和弹性势能)发生相互转化，但机械能的总量保持不变，即系统的动能和势能之和不变，这个规律叫作机械能守恒定律。机械能守恒定律是动力学中的基本定律。在不考虑摩擦力做功的情况下，过山车下降的过程中，重力势能转化为动能，上升的过程中，动能又转化为重力势能，如此循环。

机械能守恒定律：

$$E_{k1} + E_{p1} = E_{k2} + E_{p2} \tag{1-10-4}$$

式中，E_{k1} 和 E_{p1} 表示系统初始状态的动能和势能；E_{k2} 和 E_{p2} 表示系统终止状态的动能和势能。

在物理学中，由于地势高低的不同，具有较大重力势能的高处物体有向下运动的趋势，在向下运动的过程中，重力势能不断转化为动能，从而下落物体的速度逐渐增大，直到落地。如图 1-10-3 所示，在射箭时，弦上的弹性势能转化为弓箭的动能，从而使脱手的弓箭射向远方。

图 1-10-3　射箭

1.10.3　角动量守恒定律

对于一个刚体，如果合外力矩为 $\mathbf{0}$，则角动量 $\mathbf{L}$ = 常矢量。这就是说，对于一固定点，若质点所受的合外力矩为 $\mathbf{0}$，则此质点的角动量矢量保持不变。这一结论叫作角动量守恒定律。角动量守恒定律是物理学的普遍定律之一，反映了质点和质点系围绕一点或一轴运动的普遍规律。

角动量守恒定律：

$$\sum \mathbf{M} = \mathbf{0}, \mathbf{L} = \mathbf{r} \times m\mathbf{v} = \text{常矢量} \tag{1-10-5}$$

如图 1-10-4 所示，在冰面上运动时，花样滑冰运动员所受的合外力矩可以近似认为为

0，根据角动量守恒定律，运动员通过双臂的伸展和收缩，可以改变质点的分布情况来调整自身的转速。

图 1-10-4 花样滑冰运动员调整转速

力学三大守恒定律中的守恒并不代表某种物理量恒定不变，而是某种物理量的增加量恒等于流入量(增加量为正代表流入，增加量为负代表流出)。从时间的均匀性理解机械能守恒定律，从空间的均匀性和空间的各向同性分别理解动量守恒定律和角动量守恒定律。如果没有时空对称性，就根本谈不上物理学，因此守恒定律是物理学的基石，它与基本定理和各种物理现象一层层构成了整个"物理大厦"。

本节问题：

(1)举例说明生活中的机械能守恒现象。

(2)根据本节内容说明荡秋千运动中如何改变上升的高度。

1.11 形形色色的振动

在物理世界中，除了直线运动和曲线运动，还有一种较为常见的运动，即振动。振动是宇宙普遍存在的一种现象，总体分为宏观振动(如地震、海啸)和微观振动(基本粒子的热运动、布朗运动)。

形形色色的振动

1.11.1 简谐振动

所有参与振动的物体或质点在某种力的作用下相对于某一确切位置做有规律的往复运动，我们把这类运动称为机械振动。最简单、最基本的机械振动是质点的简谐振动。

如图 1-11-1 所示，以弹簧振子为例，它由劲度系数为 k、质量不计的轻弹簧和质量为 m 的物体组成，弹簧一端固定，另一端连接物体。当物体在无摩擦的水平面上受到弹簧弹性限度内的弹力作用时，物体将做简谐振动，物体受到的合外力为

$$F = -k\Delta x \qquad (1-11-1)$$

式中，Δx 为弹簧的长度变化量。

物体做简谐振动的运动方程可以表示为

$$x = A\cos(\omega t + \alpha) \qquad (1-11-2)$$

式中，x 为物体偏离平衡位置的距离；A 为振幅；ω 为物体做简谐振动的角频率，其只与弹簧的劲度系数和物体的质量有关，故也称为固有频率；α 由初始条件决定。

可以看出简谐振动是随时间按正弦或余弦函数变化的运动。

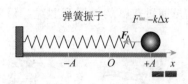

图 1-11-1 弹簧振子

1.11.2 阻尼振动

实际的振动总要受到阻力的影响，振动系统的能量不断减少，振幅也因此逐渐减小，这种振幅随时间而减小的振动叫作阻尼振动。若介质的阻尼不大，则可将振动近似看成振幅逐渐减小的准周期振动，其特点为频率变慢、周期变长，称这种振动为欠阻尼振动。若物体从开始的最大位移处缓慢地回到平衡位置，其后静止不动，则称这种非周期性运动为过阻尼振动。当物体偏离平衡位置时，如果要使它在不发生振动的情况下，最快地恢复到平衡位置，常用施加临界阻尼的方法。

1.11.3 受迫振动

系统在周期性外力作用下所进行的振动叫受迫振动。受迫振动中有一种特殊的情况叫共振。共振现象，就是当外来力的振动频率和系统的固有频率相近时，外来力能使系统产生强烈的振动。振动现象并不只限于机械运动，在声波运动、电磁运动甚至原子、分子等微观粒子的运动中，也可以找到相应的共振现象。

共振作为一种物理现象，有些时候我们需要对其进行特殊的防范。如图 1-11-2 所示，2020 年 5 月 5 日，广东省虎门大桥实施双向全封闭，提示途经车辆注意绕行。据了解，封闭原因为虎门大桥发生异常抖动。现场视频画面也显示，部分桥面上下起伏，如波浪般抖动。对于这次罕见的大桥振动事故，许多桥梁工程专家第一时间给出的解释是，桥面安装的水马引起了涡振。桥梁涡振是一种兼有自激振动和受迫振动特性的有限振幅振动，它在一个相当大的风速范围内，可保持涡激频率不变，产生一种"锁定"现象。涡振是机械振动中的一种现象，我们可以粗略地认为它就是一种共振。由于水马阻挡改变了外界风力的作用频率，而这频率恰巧与桥身固有频率相等。

图 1-11-2 虎门大桥

共振这种现象更多的是为人类所利用。像钢琴、提琴、二胡等乐器的木质琴身，就是利用了共振现象而成为一个共鸣箱，将优美悦耳的音乐发送出去，以提高音响效果。如图

1-11-3所示，核磁共振仪的工作原理是将人体置于特殊的磁场中，用无线电射频脉冲激发人体内氢原子核，引起氢原子核共振并吸收能量；在停止射频脉冲后，氢原子核按特定频率发出射电信号，并将吸收的能量释放出来，被体外的接收器收录，经电子计算机处理获得图像，这就叫作核磁共振成像。核磁共振成像技术的最大优点是能够在对身体没有损害的前提下，快速地获得患者身体内部结构的高精确度立体图像。

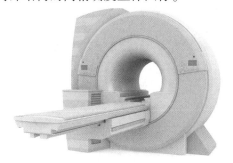

图 1-11-3 核磁共振仪

科学技术的迅猛发展，使人类的生活水平和质量得到了空前的提升，无论是出于对自然的好奇，还是出于有目的的自觉认识，科学总是朝着改进和丰富人类社会生产生活的方向发展，科学与技术的发展成果也总在为人类社会的不断进步服务！

本节问题：
(1)举例说明生活中的受迫振动现象。
(2)简要描述钟表运动的规律。

1.12 无处不在的波

生活在五彩缤纷的世界中，我们会听到悦耳的音乐，感受声波给我们带来的愉悦；我们会赞叹大海的浩瀚，领略水波给我们带来的震撼；我们会感叹地震的威力，了解地震波给我们带来的危害；我们会利用先进的通信手段，享受电磁波给我们带来的便捷。我们生活在波的海洋中，生活中处处都有波的身影。

无处不在的波

1.12.1 波的形成与传播

如图 1-12-1 所示，以绳波为例，来研究波是如何形成的。将绳子分成许多小部分，每一小部分都看成质点，相邻各质点之间存在相互作用力，当绳子的一端开始振动时，前一个质点的振动将会带动后一个质点振动，于是，振动在绳子上就逐渐传播开去，形成凸凹相间的波。所以，振动在介质中的传播就形成了波。

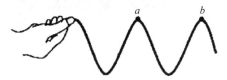

图 1-12-1 波的产生与传播

1.12.2 横波和纵波

按照波的传播方向和振动方向的关系不同，我们可以把波分为横波和纵波，当波的振动方向与传播方向垂直时，称之为横波，如图1-12-2(a)所示；当波的振动方向与传播方向在同一条直线上时，称之为纵波，如图1-12-2(b)所示。

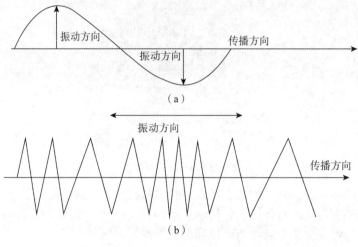

图1-12-2 横波和纵波
(a)横波；(b)纵波

1.12.3 机械波

机械波是指介质中的质点以机械运动的方式传递能量和信息的一种波动方式。一般的物体都是由大量相互作用的质点组成的，当物体的某一部分发生振动时，其余各部分由于质点的相互作用也会相继振动起来，物质本身没有相应的移动。

把借以传播波的物质称为介质，介质中传播的只是波的形式和波所携带的能量。如图1-12-3所示，拨动琴弦，振动在琴弦中传播，而琴弦并没有沿波的传播方向发生变化。

图1-12-3 拨动琴弦

机械波的传播需要介质，在固体、液体、气体中都可以传播机械波。晚霞铺洒在河面上，微风荡起的波光粼粼就是振动在水中的传播形成的水波，隔墙有耳则说明声音可以在固体中传播，而我们能够听到别人说话，就是声波在气体中传播到了我们的耳朵里。

1.12.4　波的特性

波具有不同于其他运动形式的特性，即衍射和干涉。诗句中"空山不见人，但闻人语响"说的是障碍物挡住了光，挡不住声音，说明声波绕过了障碍物继续向前传播了。这就是衍射。

当人们到动物园游览时，大家都会为孔雀开屏叫好。那像扇子一样张开的美丽尾翎在阳光下发出耀眼的光彩，而且随着孔雀的缓慢转动，我们还会看到翠绿、亮紫、深蓝、暗红、橘黄等不同的色彩，真是美不胜收。不光孔雀，长尾巴的雄雉和青绿色的翠鸟的羽毛也会呈现美丽的彩色条纹。人们所欣赏的这些美景，正是光在羽毛的透明薄膜和锯齿状的精细结构中产生的干涉现象形成的。

波存在的形式多种多样，如宇宙学家提出的引力波、当波的运动速度超过其传播速度时所形成的冲击波等，都是不同形式的波。可见，探索自然奥秘的过程还很漫长，自然世界中许多的奥秘还有待于我们去发现、了解和应用！

本节问题：

(1)举例说明水波是纵波还是横波。

(2)阐述地震波的危害。

1.13　从红移现象谈多普勒效应

当一列火车向你驶来时，你会觉得火车声变得尖细，而当火车离你而去时，你听到的火车声又会变得低沉。这些现象是生活中的多普勒效应。

1.13.1　多普勒效应

从红移现象谈
多普勒效应

1842 年的一天，多普勒正路过铁路交叉处，恰逢一列火车从他身旁驶过，他发现火车由远及近时汽笛声逐渐变大，但音调逐渐变尖细，而火车由近及远时汽笛声逐渐变小，但音调逐渐变雄浑。这个再平常不过的现象吸引了多普勒的注意。多普勒一直潜心研究这种现象，并发现这是由于振源与观察者之间存在着相对运动，观察者听到的声音频率不同于振源频率。这就是著名的频移现象。为了纪念多普勒，将这种现象称为多普勒效应。

当波源静止时，波源以速率 u 向四周发出声波，静止的观察者接收到的频率 ν' 和波源发出的频率 ν 是相同的，即

$$\nu' = \nu \tag{1-13-1}$$

而当波源以速率 v_s 不断接近观察者时，观察者接收到的波长会变短，频率会变高。相反地，对于远离波源的观察者，观察者接收到的波长会变长，频率会变低。于是有

$$\nu' = \frac{u}{u \mp v_s}\nu \tag{1-13-2}$$

式中，波源远离观察者时取正号；波源接近观察者时取负号。

当波源不动时，如果观察者以速率 v_0 远离波源，观察者在相同时间内接收到的波长个数就少一些，频率就会变低。相反地，若观察者接近波源，则接收到的频率会变高。于是有

$$\nu' = \frac{u \pm v_0}{u}\nu \tag{1-13-3}$$

式中，观察者远离波源时取负号；观察者接近波源时取正号。

所以，若波源和观察者相互接近，则观察者接收到的频率高于波源的频率；若波源和观察者彼此远离，则观察者接收到的频率低于波源的频率。

两者相互接近：

$$\nu' = \frac{u + v_0}{u - v_s}\nu \tag{1-13-4}$$

两者彼此远离：

$$\nu' = \frac{u - v_0}{u + v_s}\nu \tag{1-13-5}$$

1.13.2　生活中的多普勒效应

警车鸣笛产生的振动会在空气中以机械波的形式传播。如果警车靠近我们，我们听到的鸣笛声就会尖锐；如果警车远离我们，我们听到的声音就会沉闷。这就是典型的声波的多普勒效应。

多普勒超声血流流速测定是应用超声多普勒效应反映心脏和血管内血流方向、速度及性质的一种技术，是诊断心血管病的一种方法。

利用多普勒效应制成的超声多普勒装置常用于医学的诊断，也就是医院检查身体时用到的各种超声波仪器。超声探头内部有超声波发射装置，其发出一系列的超声波，传到人体组织内部，一部分被反射回超声探头，被内部的超声波接收装置收到。返回的超声波跟发出的超声波相比，返回的时间、强度等特征都有所不同，计算机通过一系列数学分析得到这些波都是在什么位置由什么密度的组织反射回来的，把这些结论以图像的形式显示出来，从而对人体内部器官做出判断。超声诊断具有无损伤、非侵袭地测量人体信息等优点。多普勒装置工作迅速、安全可靠，在医学诊断技术中占有重要地位。

由固定或可移动的测速仪器发射一定频率的超声波，由于多普勒效应，当被测物体移动时反射回来的波的频率发生变化，通过计算回收波与发出波的频率，即可得到被测物体移动的速度。

在海水流速测量中，使用多普勒流速剖面仪，只要发射一个脉冲，就可以马上得到上百个深度的流速。

本节问题：

(1)查阅资料，简述寻找马航370的方法。

(2)查阅资料，利用多普勒效应解释宇宙正在膨胀的结论。

1.14　从飞机起飞的角度谈伯努利方程

从飞机起飞谈
伯努利方程

伯努利方程是流体力学的重要理论基础，作为力学的一个重要分支，流体力学主要研究在各种力的作用下，流体本身的静止状态和运动状态以及流体和固体界壁间有相对运动时的相互作用和流动规律。流体力学是在人类同自然界的斗争和生产实践中逐步发展起来的。我国大禹治水疏通江河的传说，战国时期李冰父子领导劳动人民修建的都江堰，以及水波、管流、水力机械、鸟的飞翔原理等，都与流体力学密不可分。

1.14.1 流体

流体是与刚体相对应的一种物体形态，是一种连续的质点系，具有流动性。液体和气体都属于流体。流体由大量的、不断做热运动且无固定平衡位置的分子构成，它的基本特征是没有一定的形状且具有流动性。

自然界中存在的流体都具有黏性，统称为黏性流体或实际流体。完全没有黏性的流体称为理想流体，这种流体仅是一种假想，实际并不存在。但是，引进理想流体的概念是有实际意义的。因为黏性的问题十分复杂，影响因素很多，这为研究实际流体带来很大的困难。因此，常常先把问题简化为不考虑黏性因素的理想流体。这里，我们把不可压缩且没有黏性的流体称为理想流体。

1.14.2 理想流体的运动

如图 1-14-1 所示，为了形象地描述流体的运动情况，可以人为地画出一条线，线上每一点的切线方向都和流体微元在该点的速度方向一致，这样的曲线称为流线。流线是同一时刻不同流体质点所组成的曲线，它给出该时刻不同流体质点的速度方向。在运动流体的整个空间，可绘出一系列的流线，称为流线簇。流线簇的疏密程度反映了该时刻流场中速度的不同。

图 1-14-1 流线

如图 1-14-2 所示，在运动流体空间内作一微小的闭合曲线，通过该闭合曲线上各点的流线围成的细管叫作流管，它是为了描述流体运动而引入的一个概念。由于通常情况下流线不会相交，所以流管内、外的流体都不会穿越管壁。因此，流管仿佛一根虚拟的水管，其周界可以视为虚拟的固壁。在日常生活中，自来水管的内表面没有流体的穿透，这一点与流管是相同的。

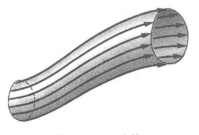

图 1-14-2 流管

流体是连续介质，根据质量守恒定律，单位时间内流进、流出控制体的流量质量差等于控制体内流体因密度变化所引起的质量增量，即速度和流管横截面面积的乘积是个常量，我们用图 1-14-3 示意。流体连续性方程的一般形式，表达了任何可能存在的流体运动所必须满足的连续性条件，即质量守恒条件，用公式表示为

$$v_1 \Delta S_1 = v_2 \Delta S_2 \tag{1-14-1}$$

流体连续性方程是流体运动学的基本方程，是质量守恒定律的流体力学表达式。在我们的生活中，当水龙头接通一个粗细不均匀的管道时，管道粗的地方水流就比较缓，而管道细的地方水流就比较急，这就是流体连续性方程的具体体现。

图 1-14-3　流管内流体的运动

1.14.3　伯努利方程

丹尼尔·伯努利在 1726 年首先提出："在水流或气流这样的流体中，如果流速小，压强就大；如果流速大，压强就小。"这仅适用于黏度可以忽略、不可被压缩的理想流体，其数学表达式为

$$\frac{1}{2}\rho v^2 + \rho g h + p = C \tag{1-14-2}$$

式中，ρ 为流体的密度；v 为流体在该点的流速；g 为重力加速度；p 为流体中该点的压强；h 为该点所在高度；C 为一个常量。

伯努利方程在解释水和空气流动中的机械能守恒、机翼升力和水波运动等方面取得了成功，形成了流体力学的重要分支。

1.14.4　伯努利方程的应用

如图 1-14-4 所示，飞机飞行时机翼周围空气的流线在机翼横截面的上下分布不对称，机翼上方的流线密，流速大，下方的流线疏，流速小。由伯努利方程可知，机翼上方的压强小，下方的压强大。这样就产生了作用在机翼上的升力，即使飞机升空的托举力。

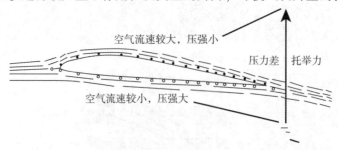

图 1-14-4　飞机飞行时的受力情况

如图 1-14-5 所示，喷雾器也是根据伯努利方程，利用流速大、压强小的原理制成的。让空气从小孔迅速流出，小孔附近的压强小，容器里液面上的空气压强大，液体就沿小孔下边的细管上升。从细管的上口流出后，经空气流的冲击，被喷成雾状。

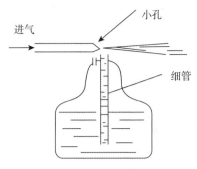

图 1-14-5 喷雾器原理

　　利用伯努利方程，还可以解释生活中的很多现象，例如，为什么两列火车不能并行高速运动，为什么向靠近的两张纸条间吹气它们只会越来越近而不分离……

　　生活中有太多的新奇现象，需要我们用物理学家一样敏锐的双眼去发现。同时，生活中也充满太多的未知需要我们通过学习科学知识去解答。这里介绍的流体力学，只是通往科学道路上的一个小站点，还有大量的科学知识需要我们去探索、去求知……

　　本节问题：

　　（1）查阅资料，简要说明在站台上候车时为什么不能越过警戒线。

　　（2）利用伯努利方程解释乒乓球运动中旋转球的原理。

第2章 | 热 学

2.1 热学发展概述

春夏秋冬，冷热交替，冷与热是人类较早形成的概念之一。人类对热现象的认识源于对火的认识。在古代西方，火、土、水、风是构成万物的4个主要元素。在古代中国，流传着金、木、水、火、土五行学说。但由于缺乏精确实验根据，在古代，人类对热现象的认识主要是猜测性的思辨，尚未形成科学理论。随着科学的发展，系统的计温学和量热学逐步建立，人类对热学的探索也越来越深入。

热学发展概述

2.1.1 热学发展早期

从17世纪末到19世纪中叶，各个学派对热的本性展开了研究和争论，为热力学理论的建立做了准备。在19世纪前半叶，热机理论包含了热力学的基本思想。1593年，伽利略利用空气热胀冷缩的性质，制造了温度计的雏形，如图2-1-1所示。1702年，阿蒙顿制造了空气温度计，虽然不准确，但也得到了一定的应用。1724年，荷兰工人华伦海特在其论文中，建立了华氏温标，首次使用水银代替了酒精。

1695年，法国人巴本发明了蒸汽机，但操作不便，也不安全。1705年，纽科门和科里制造了新蒸汽机，有一定实用价值，但用水冷却气缸，能量损失很大。1769年，英国发明家瓦特对纽科门蒸汽机进行了改进，加了冷凝器，使机器运作由断续变为连续，从而使蒸汽机的使用价值大大提高，并引发了轰轰烈烈的欧洲工业革命。此后，蒸汽机被广泛应用于纺织、轮船、火车等领域。

1744年，克拉弗特和里赫曼分别提出了一个经过修改的量热学公式，但是他们还是没有分清温度和热量两个概念。1757年，英国化学家、物理学家布莱克提出了"比热"的概念，区分了热和温度这两个不同的概念，创立了热量测量方法。后来，他的学生伊尔文引进了"热容量"概念。1777年，拉瓦锡和拉普拉斯制造了冰筒量热器这种经典的量热装置，利用它测定了一系列物质的比热。

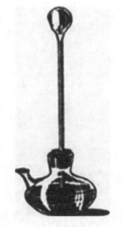

图2-1-1 伽利略温度计

通过众多物理学家的不懈努力，在18世纪80年代，量热学的一系列基本概念(如温度、热量、热容量、潜热等)都已确立。量热学从而成了一门相对独立的学科,并发展到了精确定量的水平。

对热本性的认识,历史上有"热质说"与"热的运动说"之争,"热质说"认为热是一种物质,而"热的运动说"认为热是物体粒子的内部运动。直到19世纪中叶,热力学第一定律确立,"热的运动说"才获得决定性的胜利。

2.1.2 热力学定律的建立

任何定律的建立都要进行大量的实验和理论研究,付出很多的心血。然而人类对真理的追求从未停下脚步。迈尔明确提出"无不能生有,有不能变无"的能量守恒与转化思想,而这一思想正是建立热力学第一定律的基础。焦耳精心严谨地进行了热功当量测定等一系列实验,奠定了热力学第一定律的实验基础,使之得到广泛认同。亥姆霍兹将能量守恒定律第一次以数学形式提出来,而卡诺、赛贝等也都有过这方面的见解。

在实际情况中,并不是所有满足热力学第一定律的过程都能实现,例如,热量不会自动地由低温物体传向高温物体,过程具有方向性,这就促使了热力学第二定律的提出。1917年,能斯特进一步提出了"绝对零度是不可能达到的",这就是热力学第三定律。

2.1.3 分子运动论的发展

唯象热力学的概念和分子运动论的概念的结合,最终导致了统计热力学的产生。它开始于19世纪70年代末玻尔兹曼的经典公式,这一时期还出现了吉布斯统计力学。热的运动论的发展要从19世纪50年代开始说起:1857年,德国物理学家克劳修斯发表的一篇论文《论热运动形式》,以十分明晰和令人信服的推理,建立了理想气体分子的模型和压强公式,引入了平均自由程的概念。

1860年,麦克斯韦发表了《气体动力理论的说明》,第一次用概率的思想建立了麦克斯韦速率分布律。在麦克斯韦速率分布律的基础上,玻尔兹曼第一次考虑了重力对分子运动的影响,建立了更全面的玻尔兹曼分布律及熵公式。在克劳修斯、麦克斯韦、玻尔兹曼研究的基础上,美国物理学家、化学家、统计物理学和现代化学热力学的开创者吉布斯提出"热力学的发现基础建立在力学的一个分支上",并建立了吉布斯统计力学。1902年,吉布斯发表了《统计力学的基本原理》,建立了完整的"系综理论"。

从20世纪30年代起,热力学和统计物理学进入了新时期,这个时期出现了量子统计物理学和非平衡态理论,成为现代理论物理学最重要的一个部分。印度物理学家玻色在《普朗克定律与光量子假说》论文中首次提出经典的麦克斯韦-玻尔兹曼统计规律不适用于微观粒子的观点。他认为这是海森堡的不确定关系造成的,因此,需要一种全新的统计方法。这种观点得到爱因斯坦的大力支持。研究费米子统计规律的功劳,要归于美籍的意大利裔物理学家费米,以他名字命名的事物很多,例如,费米子、大名鼎鼎的美国芝加哥费米实验室、芝加哥大学的费米研究院等。非平衡态是除平衡态以外的定常状态,包括周期运动状态、概周期状态以及混沌态。其典型问题如气体的黏性、热传导与扩散现象,统称为输运现象。

本节问题:

(1)简述热学发展过程。

(2)简要说明分子运动论的观点。

2.2　热学研究方法

研究方法是指，在研究过程中发现一些新现象、新事物，或提出新的理论观点时，用来揭示事物内在规律的工具和手段。热学是研究有关物质的热运动以及与热现象相联系的各种规律的科学。热学渗透到自然科学的各部分，所有与热相联系的现象都可用这门科学来研究。

热学研究方法

2.2.1　热力学

如图 2-2-1 所示，宏观物质由大量微观粒子(如分子、原子等)组成，微观粒子都处于永不停息的无规则运动中。正是大量微观粒子的无规则运动，才决定了宏观物质的热学性质。热学研究的是由大量微观粒子所组成的系统。例如，1 mol 物质中约有 $6.02×10^{23}$ 个微观粒子，因而需要有 $6.02×4×10^{23}$ 个运动方程。对于这个数量的大小我们缺乏感性认识，具体的计算过程也相当复杂。目前，人类不可能造出一部能计算 $6.02×4×10^{23}$ 个微观粒子的运动方程的计算机。

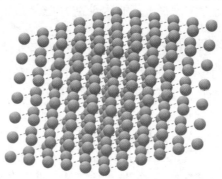

图 2-2-1　大量微观粒子组成的宏观物质

大量微观粒子作为一个整体，存在着统计相关性，这种相关性迫使这个整体要遵从一定的统计规律。对大数粒子统计所得的平均值，就是平衡态系统的宏观可测定的物理量。系统的粒子数越多，统计规律的正确程度也越高。相反，粒子数少的系统的统计平均值与宏观可测定量之间的偏差较大，有时甚至失去它的实际意义。热力学是热学的宏观理论，它从对热现象的直接观察和实验测量所总结出来的普适的基本定律出发，应用数学方法，通过逻辑推理及演绎，了解有关物质各种宏观性质之间的关系、宏观物理过程进行的方向和限度等。

热力学是具有最大普遍性的一个学科门类，它不同于力学、电磁学，因为它不提出任何一个特殊模型，但它又可应用于任何宏观的物质系统。同时，热力学又存在着只适用于粒子数很多的宏观系统、不能解答系统从非平衡态进入平衡态的过程等局限性。

2.2.2　统计物理学

统计物理学根据对物质微观结构及微观粒子相互作用的认识，用概率统计的方法，对由大量微观粒子组成的宏观物体的物理性质及宏观规律做出微观解释。它从物质由大量微观粒子组成的前提出发，运用统计的方法，把宏观性质看作由微观粒子热运动的统计平均值所决定，由此找出微观量与宏观量之间的关系。

统计物理学是由微观到宏观的桥梁，它为各种宏观理论提供依据，已经成为气体、液体、固体和等离子体理论的基础，并在化学和生物学的研究中发挥作用。利用统计物理学可以揭示气体的压强、温度、内能等宏观量的微观本质，并给出它们与相应的微观量平均值之间的关系，使人们对平衡态下理想气体分子的热运动、碰撞、能量分配等有了清晰的认知和定量的了解，同时显示了概率、统计分布等对统计理论的特殊性。统计物理学的局限性为：在数学上经常会遇到很大的困难，做出简化假设后所得到的理论结果常与实验结果不能完全符合。

热力学是完全通过演绎的手段来阐释宏观规律和宏观现象的科学，而统计物理学则是从微观原理出发通过演绎来揭示宏观规律、解释宏观现象的科学。

本节问题：

(1)热学研究中热力学和统计物理学针对的对象分别是什么？

(2)如何看待统计物理学中数学所起的作用？

2.3 热是什么

热是什么？几千年前人类就懂得从各种燃料中获取热量，但对热的本质的揭示却一直困扰着人类。人类对热的认识最初来源于火，人类对火的利用可以追溯到远古时代。在周口店北京猿人的遗址中，可以看到约50万年前原始人用火的遗迹。考古发掘出来的史前陶器以及上古时期的铜器和铁器都显示了人类文明起源于对火的利用。古代传说，燧人氏钻木取火以化腥臊；普罗米修斯盗天火泽惠天下，也说明了这一点。正是因为认识和利用了火，人类开始了对热与冷现象本质的探索。

热的本质

2.3.1 燃素说

燃素说认为，可燃的要素是一种气态的物质，存在于一切可燃物质中，这种要素就是燃素；燃素在燃烧过程中从可燃物中飞散出来，与空气结合，从而发光发热，这就是火；油脂、蜡、木炭等都是极富燃素的物质，所以它们燃烧起来非常猛烈；而石头、木灰、黄金等都不含燃素，所以不能燃烧。物质发生化学变化，也可以归结为物质释放燃素或吸收燃素的过程，该过程可以用图 2-3-1 示意。锌或铅煅烧时，燃素从其中逸出，从而生成了白色的锌灰和红色的铅灰；而将锌灰和铅灰与木炭一起焙烧时，锌灰和铅灰从木炭中吸收了燃素，金属便重生出来。酒精是水和燃素的结合物，酒精燃烧后便剩下了水；金属溶于酸是燃素被酸夺去的过程。

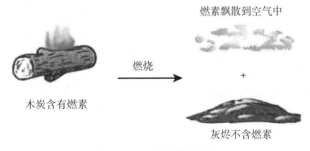

图 2-3-1 燃素说示意图

燃素说不能自圆其说并受到最大责难的就是金属煅烧后增重的事实。直到18世纪70年代，氧气被发现之后，燃烧的本质终于真相大白，燃素说才退出了历史舞台。

2.3.2 热质说

科学家拉瓦锡发现，物体燃烧时需要空气中的氧气，并建立了"质量守恒定律"。他认为燃素说与实验结果不相符，并提出了"热质说"，认为热是一种无色、无味、无质量、看不见的神秘流体，在宇宙中热质的总量是守恒的，但可从热的物体向冷的物体转移，如图2-3-2所示。在热质说的指导下，瓦特改进了蒸汽机，傅里叶建立了热传导理论，卡诺从热质传递的物理图像及热质守恒规律得到了卡诺定理。热质说的成功，使人们相信它是正确的。热质说在把一系列实验事实和个别规律用一个统一的观点联系起来并加以系统化方面起到了一定的积极作用。

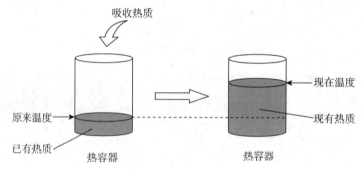

图 2-3-2　热质的流向

而伦福德则指出，热的来源不是热质，而是一种运动形式。

2.3.3 热动说

热动说认为，热不是一种无质量的神秘流体，而是与有质量的原子分子运动的动能相联系，与机械功相互对应，即热和功一样，是能量传递的一种方式，这样热与功之间应该有一个当量关系存在，历史上有多人曾经测量过热功当量。热功当量概念的提出和实验上获得的成功，彻底宣告了热质说的破产，人们认识到热是一种运动形式，是物体之间相互传递的一种能量，它与其他形式的能量可以互相转换。

一定热量的产生（或消失）总是伴随着等量的其他某种形式能量（如机械能、电能）的消失（或产生）。这说明并不存在什么单独守恒的热质，事实是热与机械能、电能等合在一起是守恒的。热量不是传递着的热质，而是传递着的能量。做功与传热是使系统能量发生变化的两种不同方式。

焦耳从1843年开始以磁电机为研究载体测量热功当量，如图2-3-3所示，直到1878年最后一次发表实验结果，他先后做了400多次实验，采用了原理不同的各种方法，他所获得的日益精确的实验数据，为热和功的相当性提供了可靠的证据，使能量守恒与转化定律建立在牢固的实验基础之上。

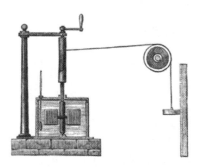

图 2-3-3　最初测量热功当量的装置

本节问题：

(1)查阅资料，阐述热学发展过程中的重要节点。

(2)如何理解热功当量？

2.4　温度与温度计

冰雪消融的春季，火热奔放的夏季，金色收获的秋季，冰花绽放的冬季，无不在显示大自然四季更替的不变规律。人们对四季的感知的一个重要因素就是温度。

2.4.1　温度

温度和温度计

物理学中通常把表示物体冷热程度的物理量叫作温度。从微观上来讲，温度是物体分子热运动的剧烈程度，也就是说温度越高，分子运动越快，温度越低，分子运动越慢，如图2-4-1所示。我们把一个高温物体和一个低温物体放到一起，运动较快的分子与运动较慢的分子之间会相互碰撞交换能量，最后会达到热平衡。

图 2-4-1　分子运动的快慢与温度

英国物理学家福勒提出了热力学第零定律：如果两个系统分别与第三个系统处于热平衡，那么这两个系统彼此也处于热平衡。热力学第零定律给出了温度的物理含义。温度是由这些互为热平衡系统的状态所决定的一个数值相等的态函数，这个态函数被定义为温度。

热力学第零定律的提出，使热力学具备了更为严密的理论体系，为温度的存在提供了一个理论依据。热力学第零定律反映出，处于同一热平衡状态的所有热力学系统都具有共同的宏观性质，我们定义这个决定系统热平衡的宏观性质为温度，也就是说，温度是决定一个系统是否与其他系统处于热平衡的宏观性质。它的特征就在于一切互为热平衡的系统都具有相同的温度。

2.4.2 温度的测量方法与温标

由于一切互为热平衡的系统都具有相同的温度，因此可以选择适当的系统为标准，用它作温度计，使之与待测系统接触，只要经过一段时间等它们达到热平衡后，温度计的温度就等于待测系统的温度，而温度计的温度可以通过它的某一个状态参量标志出来。

测量温度的方法一般可以分为接触式和非接触式。接触式测温分为膨胀式测温、电量式测温和光电测温。膨胀式测温基于物体受热时产生膨胀的原理，可分为液体膨胀式测温和固体膨胀式测温两种。非接触式测温是基于物体表面所辐射的红外能量来确定表面温度，可分为辐射式测温、光谱测温和激光干涉测温等。图2-4-2所示为非接触式快速测温系统。

图2-4-2　非接触式快速测温系统

温标就是按一定的标准划分的温度标志，就像测量物体的长度要用长度标尺——"长标"一样，是一种人为的规定，或者叫作一种单位制，分为华氏温标、开氏温标、摄氏温标。

华伦海特最初制出水银温度计是在北爱尔兰最冷的某个冬日，他将水银柱降到最低的高度定为零度，把他妻子的体温定为100度，然后把这段区间的长度均分为100份，每一份为1度。这就是最初的华氏温标。显然，将气温和人的体温作为测温质的标准点，并在此基础上进行分度，是不妥当的。后来，华伦海特改进了他所创立的温标，把冰、水、氯化铵和氯化钠的混合物的熔点定为零度，以 $0\,℉$ 表示，把冰的熔点定为 $32\,℉$，把水的沸点定为 $212\,℉$，在32到212的间隔内进行180等分，这样，参考点就有了较为准确的客观依据。这就是现在仍在许多国家使用的华氏温标。

摄耳修斯也用水银作测温物质，把冰的熔点为0度（标以 $0\,℃$），把水的沸点为100度（标以 $100\,℃$）。他认定水银柱的长度随温度进行线性变化，将0度和100度之间的间隔均分成100份，每一份就是 $1\,℃$。这种规定办法就叫摄氏温标。

华氏温度计和摄氏温度计使用的是同种测温物质（水银），利用了同样的测温特性（水银柱热胀冷缩），但规定的标准点和分度单位不同，形成了两种不同的温标，从而产生了两种不同的温度数值，相同温度的不同温标如图2-4-3所示。为了结束温标上的混乱局面，开尔文（威廉·汤姆森）创立了一种不依赖任何测温物质（当然也就不依赖任何测温物质的任何物理性质）的绝对真实的开氏温标，也叫绝对温标或热力学温标。热力学温标所确定的温度为热力学温度，单位为开尔文，记作 K。热力学温标与摄氏温标之间的关系为

$$t = T - 273.15 \tag{2-4-1}$$

式中，T 为热力学温标；t 为摄氏温标。

事实上，绝对零度是无法达到的，只是理论的下限值。

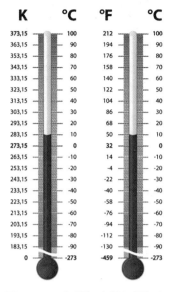

图 2-4-3 相同温度的不同温标

2.4.3 常见的温度计

如图 2-4-4 所示，体温计、寒暑表这类常用的温度计，是根据煤油、水银等液体热胀冷缩的原理制成的。数字式温度计是根据物质导电性与温度的关系制成的。除此之外，还有用双金属片制成的温度计、彩色温度表和热电偶温度计等。红外测温仪不需要接触到被测温度场的内部或表面，测量范围广、测温速度快、准确度高、灵敏度高。

在自然界中，一切温度高于绝对零度的物体都在不停地向周围空间发出红外辐射能量。物体的红外辐射能量的大小及其波长的分布与它的表面温度有着十分密切的关系。因此，通过对物体自身的红外辐射能量的测量，便能准确地测定它的表面温度，这就是红外辐射测温所依据的原理。

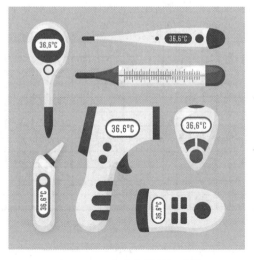

图 2-4-4 各种各样的温度计

生活中常见的温度如表 2-4-1 所示。

表 2-4-1　生活中常见的温度

生活中常见的温度	温度值/℃
太阳表面温度	约 5 500 万
太阳中心温度	约 1 500 万
人体正常温度	37
最佳饮水温度	35~38
洗澡水最佳温度	39
让人精神焕发的最佳工作温度	22~25
人体舒适的睡眠温度	20

本节问题：

（1）常见的火焰温度是多少？如何测量？

（2）自己制定规则，设计一种温度计，简述其中的原理。

2.5　分子运动论的发展

分子运动论是 19 世纪中叶建立的以气体热现象为主要研究对象的经典微观统计理论，它的迅速发展得益于众多科学家的共同努力。

2.5.1　早期的分子运动论

气体动理论的发展

分子运动论（又称气体动理论或分子动理论）描述气体由大量做永不停息的随机运动的粒子（原子或分子，物理学上一般不加区分，都称作分子）组成。分子运动论就是通过分子组分和运动来解释气体的宏观性质，如压强、温度、体积等。分子运动论认为，压强不是如牛顿猜想的那样，来自分子之间的静态排斥，而是来自以不同速度做热运动的分子之间的碰撞。分子太小而不能直接被看到。显微镜下花粉颗粒或尘埃粒子做的无规则运动——布朗运动（图 2-5-1），便是分子碰撞的直接结果。

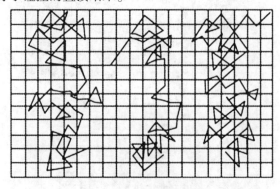

图 2-5-1　布朗运动

分子运动论的兴起，与原子论的"复活"有密切联系。伽桑狄提出物质是由分子构成的，他假设分子能向各个方向运动，并由此出发解释气、液、固 3 种物质的状态。玻意耳由实验得到了气体定律，他对分子运动论的贡献主要是引入了压强的概念，并提出了关于空气弹性

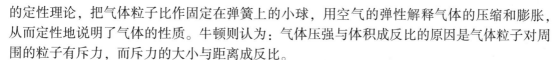

的定性理论，把气体粒子比作固定在弹簧上的小球，用空气的弹性解释气体的压缩和膨胀，从而定性地说明了气体的性质。牛顿则认为：气体压强与体积成反比的原因是气体粒子对周围的粒子有斥力，而斥力的大小与距离成反比。

到了 19 世纪初，由于热质说的兴盛，分子运动论受到了排挤。赫曼认为：成分相同的物体中的热是热体的密度和它所含粒子的乱运动的平方以复杂的比例关系组成。所谓"乱运动"就是指分子的平均速率，所谓"热"就是指压强。欧拉发展了笛卡儿的学说，把空气想象成由堆集在一起的旋转球形分子构成。他假设在任意给定温度下，所有空气和水的粒子旋转运动的线速率都相同。

19 世纪上半叶，分子运动论继续发展。赫拉帕斯明确地提出温度取决于分子速率的思想，并对物态变化、扩散、声音的传播等现象做出定量解释。瓦特斯顿提出：混合气体中不同密度的气体，所有分子的动量的平均值应相同。

2.5.2 克劳修斯对分子运动论的贡献

克劳修斯设想，可以把热和功的相当性以热作为一种分子运动的形式体现出来。在谈到焦耳的摩擦生热实验之后，他指出："热不是物质，而是包含在物体最小成分的运动之中。"

克劳修斯明确引进了统计思想并提出"维里理论"，这个理论后来对推导真实气体的状态方程很有用。不过，他自己并没有用之于真实气体，他原来的目的是要为热力学定律找到普遍的力学基础。克劳修斯更严格地推导了理想气体的状态方程，推算出气体分子的平均速率，该状态方程为

$$pV = nRT \tag{2-5-1}$$

式中，p 为气体的压强；V 为气体的体积；R 为普适气体常量；T 为气体的热力学温度；n 为气体的物质的量。

克劳修斯虽然提出了分子速率的无规则分布的概念，但是实际上并没有考虑分子速率的分布，而是按平均速率计算，所以结果并不完全正确。

2.5.3 范德瓦尔斯方程的建立

勒尼奥认为，除了氢气，没有一种气体严格遵守玻意耳定律，这些气体的膨胀系数都会随压强增大而变大。焦耳和开尔文发现实际气体在膨胀过程中内能会发生变化，并证明分子之间有作用力的存在。开尔文认为在临界温度以下气液两态应有连续性的过渡，不过他没有用分子理论加以解释。

范德瓦尔斯在《论气态和液态的连续性》中考虑了分子体积和分子间吸力的影响，推出了著名的状态方程——范德瓦尔斯方程：

$$\left(P + \frac{a}{V^2}\right)(V - b) = RT \tag{2-5-2}$$

式中，a、b 为常量，对于不同的气体有不同的值。

范德瓦尔斯之所以能取得如此突出的成就，并在这一领域产生巨大影响，主要是因为他比前人对分子运动有更明确的概念，他继承并发展了玻意耳、伯努利、克劳修斯等的研究成果，并注意到安德鲁斯等已经从实验中发现了气液连续的物态变化，这些实验结果为他的研究提供了实践基础。

本节问题：
（1）归纳总结分子运动论发展过程中的重要成就。
（2）阐述范德瓦尔斯方程中各参数的物理意义。

2.6　压强的微观解释

对于压强这个概念我们并不陌生，杂技中的"走钉板"，生活中连通器的应用，让我们对压强这个概念有了形象的认识。然而，对于压强是怎么产生的，如何从微观上解释压强，我们还没有一个全面的认识。

压强是如何产生的

2.6.1　分子运动论的基本观点

分子运动论的基本观点认为，宏观物体是由大量微观粒子（分子或原子）组成的，如图 2-6-1 所示，物体中的分子处于永不停息的无规则运动中，其激烈程度与温度有关，分子之间存在着相互作用力。从上述观点出发，研究和说明宏观物体的各种现象和本质是统计物理学的任务。

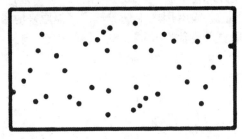

图 2-6-1　分子运动论

2.6.2　分子热运动的无序性及统计规律性

分子热运动是指，一切物质的分子都在不停地做无规则运动。温度影响分子的热运动，温度越高，热运动则越剧烈。分子的热运动是完全随机的，但大量分子的热运动可以表现出一定的统计规律。

所谓统计规律，是指在一定的宏观条件下大量偶然事件在整体上表现出确定的规律。分子热运动的规律与伽尔顿板中下落小球的运动规律类似，如图 2-6-2 所示。若无小钉，则小球落入位置是个必然事件。若有小钉，则小球落入位置是个偶然事件。少量小球的分布每次不同，大量小球的分布近似相同。单个分子的运动具有无序性，大量分子的运动具有规律性。

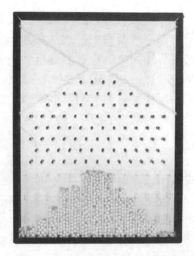

图 2-6-2　伽尔顿板中小球下落
形成的正态分布

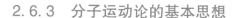

2.6.3 分子运动论的基本思想

宏观上的一些物理量是组成系统的大量分子进行无规则运动的一些微观量的统计平均值。宏观量,诸如压强 p、温度 T 和体积 V 等,是描述系统整体特征和属性的物理量,可实测。微观量,诸如分子质量、动量、能量等,是描述单个微观粒子运动状态的物理量,无法直接测量。

一个粒子的多次行为,多个粒子的一次行为,结果相同。如掷硬币:投一枚硬币一万次和一次投一万枚硬币出现字的概率一样。这说明统计规律是大量偶然事件的总体所遵从的规律,统计规律和涨落现象是分不开的。

2.6.4 理想气体的分子模型

从微观上看,理想气体的分子有质量、无体积、是质点,每个分子在气体中的运动是独立的,与其他分子无相互作用,碰到容器器壁之前做匀速直线运动。理想气体分子只与器壁发生碰撞,碰撞过程中气体分子在单位时间内施加于器壁单位面积的冲量的统计平均值,宏观上表现为气体的压强。

理想气体是一种理想化的模型,实际并不存在。实际气体中,凡是本身不易被液化的气体,它们的性质很接近理想气体,其中最接近理想气体的是氢气和氦气。一般气体在压强不太大、温度不太低的条件下,它们的性质也非常接近理想气体。因此,常常把实际气体当作理想气体来处理。这样对研究问题,尤其是计算方面可以大大简化。

2.6.5 理想气体的压强公式

单个分子碰撞器壁的作用力是不连续的、偶然的、不均匀的,从总的效果上来看,呈现为一个持续的平均作用力。

如图 2-6-3 所示,在直角坐标系 $Oxyz$ 中,有一个边长分别为 l_1、l_2、l_3 的长方体容器,其中含有 N 个同类气体分子,单位体积内的分子数为 n,每个分子的质量均为 m。考虑第 i 个分子,其速度分解为 3 个方向的速度。

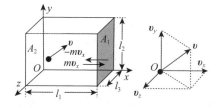

图 2-6-3 容器中的单个分子

单位时间内与器壁单位面积上撞击的分子数:nv_i。

一个分子碰撞一次给器壁的冲量:$2mv_i$。

单位体积内的分子在单位时间内给予器壁单位面积上的冲量:$2mnv_i^2$。

单位时间内分子给予器壁单位面积上的总冲量:$\sum 2mnv_i^2$。

器壁单位面积上受到的平均冲力(压强):$p = \dfrac{1}{2} \sum 2mnv_i^2 = \sum mnv_i^2$。

考虑到 $\overline{v_x^2} = \overline{v_y^2} = \overline{v_z^2} = \dfrac{\sum_i n v_i^2}{n}$ 和 $\overline{v_x^2} = \overline{v_y^2} = \overline{v_z^2} = \dfrac{1}{3}\overline{v^2}$，则 $p = \dfrac{2}{3}n\left(\dfrac{1}{2}m\overline{v^2}\right)$。

$\dfrac{1}{2}m\overline{v^2}$ 为气体分子的平均平动动能 E，则理想气体的压强公式可表示为

$$p = \frac{2}{3}nE \tag{2-6-1}$$

理想气体的压强公式揭示了宏观量与微观量统计平均值之间的关系，说明压强具有统计意义。压强公式指出：有两个途径可以增加压强，一是增加分子数密度 n，即增加碰壁的分子个数；二是增加分子的平均平动动能，即增加每次碰壁的分子的强度。压强公式的推导是分子运动论在热学中的一个典型应用。

本节问题：

(1) 理想气体分子模型的缺点是什么？

(2) 如何理解伽尔顿板中下落小球所服从的统计规律？

2.7　温度的微观解释

"花气袭人知骤暖，鹊声穿树喜新晴"，宋代诗人陆游在《村居书喜》中为我们勾勒出一幅春天的清新画面，诗词中"花气袭人"是花朵分泌的芳香油分子做的无规则运动加快的结果，而温度影响分子运动的激烈程度。

温度的微观解释

2.7.1　温度的微观解释

物理学上把大量分子的无规则运动称为热运动，而温度是对原子或分子等粒子"运动激烈程度"的一种衡量。温度高，粒子运动速率大；温度低，粒子运动速率小。当然，物体内部分子的运动是杂乱无章的，大量分子有各种不同的运动速率，有的速率大，有的速率小。因此，确切的说法应该是，温度是"粒子运动激烈程度（动能）的平均值的一个指标"，或者说温度是"分子平均动能的一个标志"。

热现象的实质是大量微观分子热运动的结果，涉及宏观与微观两个层次。微观对应分子运动论，宏观对应统计物理学。结合压强的定义和统计公式可以得到温度的微观本质，即理想气体的温度是气体分子平均平动动能的量度。温度具有统计意义，是大量分子的集体行为，少数分子的温度无意义。

温度越高，分子平均平动动能越大，热运动越剧烈。温度标志了物体内部分子热运动的剧烈程度。温度的实质是分子热运动剧烈程度的宏观表现。温度平衡过程就是能量平衡过程。这一点可以通过皮兰对布朗运动的研究来验证。当温度 $T = 0$ K 时，气体的平均平动动能为 0，这时气体分子的热运动将停止。然而事实上，绝对零度是不可到达的（这也是热力学第三定律的内容），因而分子的热运动是永不停息的。

2.7.2　气体分子运动的方均根速率

气体分子运动的方均根速率为

$$v_{\text{rms}} = \sqrt{\frac{3RT}{M}} \qquad\qquad (2\text{-}7\text{-}1)$$

式中，R 为普适气体常量；T 为气体的热力学温度；M 为气体的摩尔质量。

氧气的方均根速率为 461 m/s。一般气体的方均根速率大概为 100 m/s。标准状况下，分子数密度大概为 10^{25} m^{-3}。

本节问题：

(1)简述温度的微观意义。

(2)物体的温度越高，组成物体的每一个微观粒子的运动都越剧烈吗？

2.8 热力学定律

"永动机"之幻想如此美妙，但世界上真有永动机存在吗？

2.8.1 热力学第一定律

焦耳的热功当量实验直接否定了热质说，表明一定热量的产生或消失，总是伴随着等量的其他形式能量的消失或产生，这实际上也对应着能量的守恒与转化定律。在认识能量的过程中，一项重大突破就是发现"热"是能量形式的一种，或者说，与其他形式的能量一样，热能可以做功，做功也能产生热能。即使在涉及热能的过程中，能量守恒定律也是成立的。由于热能在认识能量的普遍规律的过程中起着重要的作用，因此人们把研究能量的学科叫作热力学，而能量守恒定律在热力学中的应用就叫作热力学第一定律。

从永动机谈热
力学第一定律

1830 年，法国物理学家卡诺在文章中写道："准确地说，它既不会创生也不会消灭，实际上，它只改变了它的形式。"1832 年，卡诺患上了猩红热，不久后转为脑炎，不幸又染上了流行性霍乱，于同年去世。因此卡诺的这一思想，在 1878 年才公开发表，但此时热力学第一定律已经建立。

德国的迈尔是明确提出"无不能生有，有不能变无"的能量守恒与转化思想的第一人，而这一思想正是建立热力学第一定律的基础。迈尔曾是一位随船医生，他在一次驶往印度尼西亚的航行中给生病的船员做手术时，发现热带地区人血的颜色比温带地区的新鲜红亮，这引起了迈尔的深思。他认为，食物中含有的化学能可转化为热能，在热带地区，机体中燃烧过程减慢，因而留下了较多的氧。迈尔得出结论："能量是不灭的，是可转化的，不可称量的客体。"迈尔在 1841 年、1842 年撰文发表了他的观点，在 1845 年的论文中，更明确提到："无不能生有，有不能变无""在死的或活的自然界中，这个力(能)永远处于循环和转化之中"。迈尔是将热学观点用于有机世界研究的第一人。

不同形式的能量(内能、机械能、光能、电能等)之间可以相互转化，风能转化为电能，电能转化为内能，太阳能转化为电能，化学能转化为电能。自然界一切已经实现的过程都遵守能量守恒定律。凡是违反能量守恒定律的过程都是不可能实现的。热力学第一定律是能量守恒定律在热学中的体现。

热力学第一定律可以表述为

$$Q = \Delta E + A \qquad\qquad (2\text{-}8\text{-}1)$$

式中，Q 为系统从外界吸收的热量；ΔE 为系统内能的增量；A 为系统对外界做的功。上式表示系统从外界吸收的热量等于系统对外界做的功与系统内能的增量之和。这是实验经验的总结，也是自然界的普遍规律。

第一类永动机是指不消耗任何能量，却可以源源不断地对外界做功的机器，如图 2-8-1 所示。因为它违背了能量守恒定律，所以只能以失败而告终。

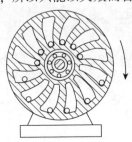

图 2-8-1　第一类永动机

热力学第一定律的建立不仅有力地证明了辩证唯物主义思想是物理学乃至自然科学发展的先导，同时揭示了自然界新的辩证关系图景，揭示了自然界的普遍联系和相互转化规律，避免了机械自然观的局限，证明了自然界一切运动的守恒性、永恒性、不灭性和相互转化、相互联系的普遍性原理。该定律对于第一类永动机不可能实现，给予了科学上的最后判决，使人们走出幻想的境界，从而致力于研究各种能量形式相互转化的具体条件，以求最有效地利用自然界提供的各种各样的能源。

2.8.2　热力学第二定律

一切热力学过程都应该满足能量守恒定律，那么满足能量守恒定律的过程都能进行吗？人们在研究热机的过程中发现：满足能量守恒定律的过程不一定都能进行。

热传导过程中，热量可以自动地从高温物体传向低温物体，但相反的过程却不能自动发生。这说明热传导过程也是有方向性的。

从实际过程的不可逆性谈热力学第二定律

气体绝热自由膨胀过程中，在绝热容器中的隔板被抽去的瞬间，分子都聚在左半部，此后分子将自动膨胀充满整个容器，最后达到一个稳定的平衡态，但相反的过程却不能自动发生。这说明气体自由膨胀过程也是有方向性的。另外，还有诸多例子可说明孤立系统中发生的自发过程具有确定的方向。落叶永离，覆水难收，死灰无法复燃，破镜难以重圆，四季更迭而时光却永远不会倒转，这些现象告诉我们自然现象的不可逆性。

物理学家根据过程的性质不同，将过程分为可逆过程和不可逆过程。可逆过程：在系统状态变化过程中，逆过程能重复正过程的每一个状态，而不引起其他变化。不可逆过程：在不引起其他变化的条件下，不能使逆过程重复正过程的每一个状态，或者虽然能重复但必然会引起其他变化。一切与热现象有关的实际过程都是不可逆的。

英国物理学家开尔文在 1851 年从热机效率极限出发，从功热转换的角度归纳出热力学第二定律，即不可能从单一热源吸热，使之完全变成有用的功而不产生其他影响。从单一热源吸热使之完全变成有用功而不产生其他影响的热机称为第二类永动机，因此热力学第二定律也可表述为第二类永动机是不可能实现的，表示机械能和内能的转化过程具有方向性。

德国物理学家克劳修斯在 1850 年从制冷机效率极限出发，从热传递的角度归纳出热力学第二定律：不可能把热量从低温物体传到高温物体而不产生其他影响。

如图 2-8-2 所示，冰箱主要由箱体、蒸发器、压缩机、干燥过滤器、冷凝器等组成。

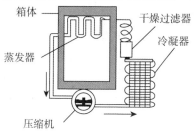

图 2-8-2　冰箱的构造

冰箱在工作时，压缩机吸气，蒸发器内气压降低，液态制冷剂汽化吸热，冰箱内食物和蒸发器发生热交换，此时制冷剂携带了食物的热量；在吸气的同时，压缩机会把气态制冷剂压入冷凝器，冷凝器内气压升高，温度升高，气态制冷剂液化后放热，使冷凝器和外界空气发生热交换，从而把食物热量释放；液态制冷剂经干燥过滤器和节流阀，节流减压缓缓流入蒸发器，在蒸发器内逐渐汽化，再次被压缩机吸入，压入冷凝器。如此循环，通过制冷剂的物态变化，达到制冷功效。

热力学第二定律体现了中国古代"道法自然"的哲学思想，即遵循事物自身发展的规律。热力学第二定律是人类社会以及自然界中一个普遍适用的规律，主要体现的是不可逆性质，启示我们要尊重自然、顺应自然，不可以违背自然规律。人类要协调好工作与休息之间的关系，不能为了工作而牺牲休息的时间，因为这在一定程度上违背了热力学第二定律。此外，这一哲学思想对于人们心理保健也具有一定的指导意义。在这个信息发达的社会里，人际交往显得无比重要，人们在处理人际关系的过程中，要顺应自然，不强人所难，这样才能拥有良好的健康心理，进而更好地实现人生价值。

热力学第二定律同样体现了人类社会的可持续发展理念。热力学第二定律解释了事物运动转化的不可逆性，有利于人类客观地认识物质运动的方向和后果，而这也解释了人类可持续发展观背后的物质运动规律和价值。人类必须要学会善待自然，合理控制自己的行为及活动，从而达到与自然和谐共处的目标。

热力学第二定律虽然是一个物理学定律，但是它揭示的不仅仅是个别现象的原理，而是宇宙间一切物质能量转换的普遍趋势，它具有一定的普适性，对于人类认识自然、改造自然都有一定的指导意义，对推动自然辩证法的发展具有深刻而广泛的意义。

本节问题：

(1) 简述热力学第一定律的物理意义。

(2) 阐述第二类永动机不可实现的原因。

2.9　奇妙的熵世界

英国作家史诺在他的有关两种文化的两次演讲中都谈及人文知识分子如果不懂热力学第二定律，就好像科学家未读过莎士比亚一样令人遗憾。前面提到一切热力学过程都是有方向性的，引入熵概念之后，热力学第二定律亦可表述为孤立系统的熵增加原理，即一切自发过程总是向着熵增加

奇妙的熵世界

的方向进行的。

2.9.1 熵概念的提出

熵这个中文译名是由我国物理学家胡刚复教授确定的。他于 1923 年 5 月 25 日，在南京东南大学为德国物理学家普朗克来我国作《热力学第二定律及熵之观念》讲学进行翻译时，首先将 entropy 译为"熵"。entropy 概念太复杂，其又是克劳修斯造的词，很难翻译。考虑到它是温度去除热量变化的商，把"商"字加"火"字旁(火与热有关)译成了"熵"，增添了一个新的汉字。

熵是一个极其重要的物理量，却又以其难懂而闻名。熵不仅在自然科学与工程技术的许多领域中使用，而且在社会科学甚至人文科学的领域中也有使用。熵的表达式为

$$S = k \ln W \tag{2-9-1}$$

式中，S 为系统处于某宏观态时的熵；k 为玻尔兹曼常量；W 为该宏观态所含微观态的数目。

系统总是自发地从熵值较小的状态向熵值较大的状态转变，从不均匀到均匀，从有序到无序。简而言之，熵反映的是一个系统的混乱程度。如图 2-9-1 所示，熵增加原理指的是一个孤立系统内的自发过程总是向越来越混乱的方向发展，意思是向熵增加的方向发展。

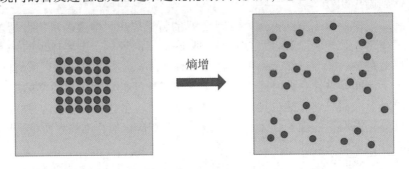

图 2-9-1 熵的增加

一个容器的下层装着红豆，上层装着绿豆，这样红豆、绿豆各自在各自的空间，这就是有序排列。把一根棍子放在容器里搅动几分钟，红豆和绿豆原来有序的排列就被打乱了。红豆和绿豆现在是乱七八糟地混在一起，这就是混乱程度增大了，也就是熵增加了。

2.9.2 熵与生命

薛定谔在《生命是什么》中讲道："人活着就是在对抗熵增加定律，生命以负熵为生。"生命本身就是自律的过程，即熵减的过程。

运动或劳累过后，身体消耗大量能量，产生大量废热，体内熵大增，若能迅速排除，则人平安无事。但倘若此时或吹风、或着凉，皮肤感到过凉，此信息传到大脑的调温中心下丘脑，进行调温以暖皮肤，并下令使皮肤毛细血管收缩阻止身体散热，这样体内原有积熵排不出，还进一步产生积熵，以致积熵过剩，人体内各种化学反应开始混乱，出现头痛、发烧、畏寒畏冷、全身无力、抵抗力减弱等症状，人因此感冒。针对感冒病症，中医描述为"内有虚火，外感风寒"；西医描述为"感冒了，有炎症"；物理学家则描述为"积熵过剩"。

人的生长生存就是一个对抗熵增加的过程，人体是一个复杂的机器，机器的各部分需要协调一致、有序工作才能保证人的健康。如果人的大脑发出的信号变得混乱，各组织器官工

作混乱，人这个系统的熵就会变大，人就会衰老、生病、死亡。以癌症为例，各种原因致使体内某一部分的混乱度大幅增长，以致破坏了细胞再生时的基因密码的有序遗传，细胞无控制地生长，产生毒素，进一步破坏人体的有序，直到熵趋近无穷大。

2.9.3 熵与社会

社会的发展亦如熵变，一个社会如果无组织、无约束，让其自发地发展，那一定会越来越混乱，因为熵是增加的。各种规章制度、职能部门就是在对抗熵的增加。热力学第二定律告诉我们，一个孤立的社会系统由于自身的不可逆过程(能源、交通、犯罪等)，熵将趋于极大，信息量极小，没有生机，贫穷落后。耗散结构告诉我们，一个开放的社会，通过输入能源、信息、新技术，输出自己的产品、技术等，开放发展，合作共赢，才能使社会在更高层次保持有序。

统计物理学的创立

熵的增加是能量退化的量度，自然界的实际过程都是不可逆过程，即熵增加的过程。每利用一份能量，就会受到一定的惩罚，即把一部分本来可以利用的能量变为退化的能量。退化的能量，实际上就是环境污染的代名词，节约能源就是保护环境，而保护环境就是保护人类的生存条件。

人类科学技术的发展史是一个能量不断消耗、熵不断增加的过程，在日益繁杂的社会生活中，我们要以节约资源为思想基础，将能流降低到最低限度，返璞归真，真正贯彻低熵生活方式，享受真正美好的生活。

本节问题：

(1)下列过程属于熵增加的是(　　)。

A. 气体扩散过程　　　　　B. 固体的溶解过程　　　　　C. 水蒸气变为液态水

(2)试用熵增加原理解释"你不可能不劳而获"。

第3章 | 电磁学

3.1 电磁学发展概述

南宋民族英雄文天祥在《扬子江》中写道："臣心一片磁针石，不指南方不肯休。"其中包含了我国古人对磁现象的了解。相比磁现象，人们对电学的研究相对滞后，电最早是宫廷贵族娱乐的对象，现如今，人类生活、科学技术活动以及物质生产活动都已离不开电。

电磁学已经从原来相互独立的两门学科（电学、磁学），发展成为物理学中一个完整的分支学科。

3.1.1 磁现象和电现象的早期研究

关于雷和电，中国是最早有文字记载的。中国古代四大发明之一的指南针，古时又叫司南（图3-1-1），是中国古代劳动人民在长期的实践中对磁石磁性认识的结果。指南针的发明对人类科学技术和文明的发展，起到了不可估量的作用。

图 3-1-1　司南

公元前六七世纪，人类发现了磁石吸铁、磁石指南以及摩擦生电等现象。而最早将前人对电磁研究的大量经验进行总结的是英国著名医生、物理学家吉尔伯特（图3-1-2）。1544年5月24日，吉尔伯特出生于科尔切斯特市的一个大法官家里，年轻时就读于剑桥大学圣约翰学院，攻读医学，获医学博士学位，毕业后成为英国名医。由于医术高明，他于1601年担任英国女王伊丽莎白一世的御医。吉尔伯特在科学方面的兴趣，远远超出了医学的范围。他在化学和天文学方面有渊博的知识，但他研究的主要领域还是物理学。他总结了前人对磁的研究，周密地讨论了地磁的性质，进行了大量实验，使磁学从经验转变为科学，并把多年的研究成果写成名著《磁石论》，这是对静磁现象的早期研究。

相比静磁现象，静电现象研究要困难得多，因为一直没有找到恰当的方式来产生稳定的静电和对静电进行测量。直到 1663 年，德国马德堡市的市长盖里克(图 3-1-3)发明第一台摩擦起电机后，静电现象研究才迅速发展起来。

图 3-1-2 吉尔伯特(1544—1603)

图 3-1-3 盖里克(1602—1686)

3.1.2 电磁学进入定量研究的阶段

1750 年，米切尔提出磁极之间的作用力服从平方反比定律，也就是磁极之间的作用力与它们之间距离的平方成反比。1785 年，库仑(图 3-1-4)公布了用扭秤实验得到的静电力的平方反比定律。图 3-1-5 所示是库仑扭秤，库仑扭秤实验是库仑做的探究静电力的一种科学实验。通过实验，库仑发现两点电荷之间静电力与距离平方成反比的规律，从此电学和磁学进入定量研究的阶段。

图 3-1-4 库仑(1736—1806)

图 3-1-5 库仑扭秤

3.1.3 电磁学发展的新阶段

1786 年，著名的意大利生物学家伽伐尼(图 3-1-6)在做"蛙腿实验"的过程中发现了"生物电"。1800 年，55 岁的伏特(图 3-1-7)发明了"伏特电堆"。伏特把锌片和铜片夹在用盐水浸湿的纸片中，重复地叠成一堆，形成了很强的电源。伏特电堆使得恒定电流的产生成为可能，使电学由静电走向动电。

图 3-1-6　伽伐尼（1737—1798）

图 3-1-7　伏特（1745—1827）

1820 年，奥斯特（图 3-1-8）发现通电导线周围的小磁针发生了偏转，若将电流方向反向，则小磁针的偏转方向也反向。奥斯特实验表明通电导线周围和永磁体周围一样，都存在磁场，揭示了一个十分重要的本质——电流周围存在磁场，电流是电荷定向运动产生的，所以通电导线周围的磁场实质上是运动电荷产生的。奥斯特发现电流的磁效应。于是，电学与磁学彼此隔绝的情况有了突破，从此开始了电磁学的新阶段。

图 3-1-8　奥斯特（1777—1851）

3.1.4　电磁学大发展的时期

在这以后，电磁学的发展势如破竹，19 世纪 20—30 年代是电磁学大发展的时期。首先对电磁作用力进行研究的是法国科学家安培（图 3-1-9），他在得知奥斯特的发现之后，重复了奥斯特的实验，提出了右手螺旋定则，并用电流绕地球内部流动解释地磁的起因。接着他研究了载流导线之间的相互作用，建立了电流元之间的相互作用规律——安培定律。与此同时，毕奥-萨伐尔定律也被提出。

英国物理学家法拉第（图 3-1-10）对电磁学的贡献尤为突出。1820 年，奥斯特发现电流的磁效应之后，法拉第于 1821 年提出"由磁产生电"的大胆设想，并开始了十年艰苦的探索。在这十年中，他失败了，再探索，再失败，再探索……终于在 1831 年 8 月 29 日发现了电磁感应现象，开辟了人类的电气化时代。法拉第坚信电磁的近距作用，创造性地提出了"场"的概念，认为物质之间的电力和磁力都需要由媒介传递，媒介就是电场和磁场，此举意义深远。

图 3-1-9　安培（1775—1836）

图 3-1-10　法拉第（1791—1867）

电流的磁效应的发现，使电流的测量成为可能。1826 年，欧姆（图 3-1-11）确定了电路的基本规律——欧姆定律。欧姆定律是指在同一电路中，通过某段导体的电流跟这段导体两端的电压成正比，跟这段导体的电阻成反比。

麦克斯韦（图 3-1-12）是英国物理学家、数学家，是经典电动力学的创始人，是统计物理学的奠基人之一。1865 年，麦克斯韦把法拉第的电磁近距作用思想和安培开创的电动力学规律结合在一起，用一套方程组概括电磁规律，建立了电磁场理论，预测了光的电磁性质。麦克斯韦于 1873 年出版的《论电和磁》，也被尊为继牛顿《自然哲学的数学原理》之后的一部最重要的物理学经典。麦克斯韦被普遍认为是对物理学最有影响力的物理学家之一。没有电磁学就没有现代电工学，也就不可能有现代文明。麦克斯韦是电磁场理论的集大成者。

1888 年，德国物理学家赫兹（图 3-1-13）发现电磁波，验证了麦克斯韦的电磁场理论，此后对电磁波进行的系列研究证实了电、磁、光统一的预言。

图 3-1-11 欧姆（1789—1854）

图 3-1-12 麦克斯韦（1831—1879）

图 3-1-13 赫兹（1857—1894）

任何理论的发展都离不开诸多科学家的努力。电磁学领域拥有杰出成就的物理学家不胜枚举，他们的成长经历带给人们很多启示。

实际上，在物理学的发展史上，在电磁学取得重要的研究成果以前，人们企图把全部物理学归为力学。简单地说，就是没有认识到物理学的其他分支，或者说没有认识到其他分支的重要性。在力学的发展过程中，伽利略和牛顿把科学思维和实验研究很好地结合在了一起，开辟了一条科学研究的正确道路，并取得了伟大成就。但是随着一个个电磁学研究成果的取得，证明了之前把全部物理学归为力学的机械论观点是错误的，人们认识到电学、磁学是物理学的另一个重要分支。爱因斯坦曾经说过这样一段话：自从牛顿奠定理论物理学基础以来，物理学的公理基础最伟大的变革，是由法拉第和麦克斯韦在电磁学方面的工作所引起的。

麦克斯韦遇见法拉第，就像伽利略和牛顿一样，相辅相成。由此可以看出电磁学的重要性，同时说明在电磁学领域，法拉第和麦克斯韦这两位科学家的贡献是非常突出的。

3.1.5 电磁学的应用

电磁学在日常生活中有着广泛的应用。下面列举几个比较典型的应用。

1. 雷达

电磁学最典型的应用是雷达，如图 3-1-14 所示。雷达是受蝙蝠启发进而发明的，是英文单词"radar"的音译，意思为"无线电探测和测距"。其原理为：雷达发射脉冲微波，当脉冲微波碰到障碍物时就会被反射回来并被接收到。

图 3-1-14　雷达

2. 飞机导航系统

图 3-1-15 所示是飞机导航系统。飞机导航的方式有许多种，有无线电导航、惯性导航、雷达导航、天文导航，现代更有北斗卫星导航，一般飞机上都同时综合应用了多种导航方式。

图 3-1-15　飞机导航系统

3. 隐形飞机

人的眼睛能看见物体，是因为光射到物体上面的反射光或物体本身发出的光进入人眼。如果一个物体把光全吸收了，人们看到的这个物体是黑色的。如果存在强大的磁力、引力等，使光线偏转，绕过了该物体，那么谁也看不见该物体。如果飞机能吸收或躲过传统雷达射来的电磁波，雷达便发现不了它，这种飞机便是被形象地比喻为"空中幽灵"的隐形飞机。

4. 紫外线灯

紫外线灯是一种能发射紫外线的装置，是观察样品荧光和磷光特征必需的工具，也是用于杀菌消毒、激发荧光、诱杀害虫的一种物理手段。紫外光的波长在 10~400 nm 的范围内。

5. 卫星通信系统

卫星通信系统由卫星和地球站两部分组成。卫星在空中起中继站的作用，即把地球站发射上来的电磁波放大后再返送回另一个地球站。卫星通信具有通信范围大、建设速度快等优点，近年来其新技术的发展层出不穷。

现代社会的发展与电和磁的发展紧密相关，可以说是电磁学支撑了现代社会的发展，放眼望去，生活中形形色色的灯光以及日常生活中用到的各种电器，都离不开电和磁，电磁学知识也正在改变着人类的生活。本章将介绍在电磁学建立和发展过程中一些重大的关键性发现，一些重要的实验和理论研究成果，以及著名物理学家的科学思想和研究方法。

本节问题：

（1）吉尔伯特对磁学做出了哪些贡献？

（2）奥斯特发现电流的磁效应对电磁学的发展有何意义？

3.2 摩擦起电与电荷守恒

南朝陈张正见的《门有车马客行》中的诗句"桃花夹迳聚，流水傍池回。捎鞭聊静电，接辔暂停雷"揭示了自然界中的静电现象。

对于电学的认识，最早来源于人为的摩擦起电现象和雷电现象，其中雷电在古代被赋予了多种神话传说。公元前约585年，希腊哲学家泰勒斯发现被摩擦过的琥珀具有一种可以吸引细谷壳的性质，electricity（电）这个单词的起源就是希腊文的"琥珀（elec-tron）"。我国西晋时期就有摩擦起电

摩擦起电与电荷守恒

的记载，如张华的《博物志》中有"今人梳头、脱着衣时，有随梳、解结有光者，亦有咤声"。当然比起磁学来，电学发展还是较晚的。直到1660年盖里克发明摩擦起电机（图3-2-1），人们才开始对电现象进行深入的研究。

图 3-2-1 盖里克发明的摩擦起电机

3.2.1 摩擦起电与摩擦起电机

1. 摩擦起电

用摩擦的方法使两个不同的物体带电的现象（或两种不同的物体相互摩擦后，一种物体带正电，另一种物体带负电的现象），叫作摩擦起电。摩擦起电在日常生活中经常见到。例如，梳头的时候，梳子和头发摩擦后梳子和头发都会带电，表现为头发就像飞起来一样，这是由于每根头发都带同种电荷，每根头发之间相互排斥。

2. 摩擦起电机

图3-2-2所示是摩擦起电机，又称静电起电机，是利用人力或其他动力摩擦获得静电

的机械。同为产生电流的机械，发电机利用电磁感应产生大电流的交流或直流电，可用于生产生活中；而摩擦起电机只能产生较小的电流，主要用于实验。两者目的相同，但原理不同，某种意义上说，摩擦起电机是发电机的"鼻祖"。

图3-2-2　摩擦起电机

3. 摩擦起电机的发展

最早的摩擦起电机出现在17世纪，由德国物理学家盖里克发明。这种摩擦起电机实际上是一个可以绕中心轴旋转的大硫黄球，用人手或布帛抚摸转动的球体表面，球面上就可以产生大量的电荷。1705年，豪克斯比用空心玻璃壳代替硫黄球，后来其他物理学家又陆续予以改进。直到18世纪末，摩擦起电机都一直是研究电现象的基本工具。到19世纪，摩擦起电机才被感应起电机所取代。

1775年，伏特创造了一种起电盘，如图3-2-3所示。它由一块绝缘物质（石蜡、硬橡胶、树脂等）制成的平板（绝缘板）和一块带有绝缘柄的导电平板（导电板）组成。通过摩擦使绝缘板带上正电（或负电），如图3-2-3(a)所示，然后将导电板放到绝缘板上面。因为导电板和绝缘板表面不是十分平坦的，它们之间真正相互接触的只有少数几个点，所以只有极少的正电荷转移到导电板上。相反地，由于静电感应，导电板上靠近绝缘板的一侧出现负电荷，另一侧出现正电荷，如图3-2-3(b)所示。将导电板接地，地中的负电荷就会跟导电板上的正电荷中和，结果使导电板带上负电荷，如图3-2-3(c)所示。断开导电板跟地的连接，手握绝缘柄，将带负电荷的导电板从绝缘板表面移开，导电板上获得负电荷，如图3-2-3(d)所示。这时绝缘板上的电荷并没有改变，将导电板上的负电荷移去之后再放回到绝缘板上，可重新感应起电。重复上述过程，就可以不断得到负电荷。每次将带负电荷的导电板同带正电荷的绝缘板分开时都需要做一定的机械功。

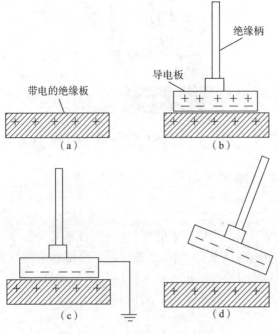

图3-2-3　伏特起电盘示意图

摩擦起电机还有维姆胡斯起电机(图3-2-4)，它由一对可以用相同的转速朝相反的方向旋转的平行玻璃圆盘构成。每一块玻璃圆盘的外围均匀分贴着数十张相互绝缘的金属箔。在历史上，维姆胡斯起电机曾经是产生高电压的重要工具，主要用于课堂演示静电现象及空气中的放电现象。一对直径约 60 cm 的玻璃圆盘以 100 r/min 的速度旋转，大约可以产生 50 000 V 的电压。大型的维姆胡斯起电机可以在空气中产生十多厘米长的电弧，同时发出强烈的噼啪声。为了分离出更多的电荷，产生更高的电压，可以采用范德格拉夫起电机(图3-2-5)。它是由范德格拉夫于 1929 年发明的。范德格拉夫起电机的主要部分是一个装在直立的绝缘管上的巨大空心金属球和一个装在管内上下两个滑轮上的绝缘传送带。由于静电感应和电晕放电作用，传送带上的电荷转移到金属球上。当绝缘传送带不断运动时，电荷就被不断传送到金属球的表面，球的电势随之不断升高。范德格拉夫起电机能产生的最高电压视金属球半径的大小而异。半径为 1 m 的金属球可产生约 1 MV(对地)的高电压。维姆胡斯起电机在科学研究中用作正离子的加速电源。产生正极性的范德格拉夫起电机在科学研究中用作正离子的加速电源；产生负极性的范德格拉夫起电机应用于高穿透性 X 射线发生器中。

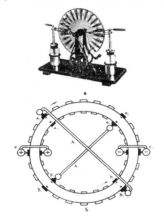

图 3-2-4　维姆胡斯起电机

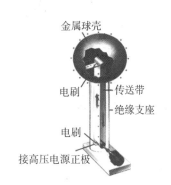

图 3-2-5　范德格拉夫起电机

3.2.2　电荷及其种类

既然摩擦起电产生电荷，那么电荷有哪些种类呢？许多物质，如琥珀、玻璃棒、橡胶棒等，经过毛皮或丝绸摩擦后，能吸引轻小物体，是因为这些物质带了电荷。早期人们正是通过这种力的效应定义了"电荷"这个概念。在发现了玻璃棒和橡胶棒所带电荷的区别后，美国物理学家富兰克林定义了"正电荷"和"负电荷"的概念，一直沿用至今。自然界中只存在这两种电荷，如图 3-2-6 所示，正电荷是被丝绸摩擦过的玻璃棒所带的电荷，用"+"表示；负电荷是被毛皮摩擦过的橡胶棒所带的电荷，用"−"表示。实验表明：同种电荷相互排斥，异种电荷相互吸引。

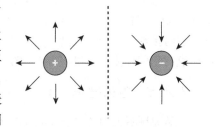

图 3-2-6　正负电荷示意图

3.2.3 从物质微观结构的角度分析"带电"原因

物体为什么带电？首先介绍物质的微观结构。以水为例来介绍，水是由大量分子构成的（有的物质直接由原子构成），分子由原子构成，原子包括原子核和核外电子。核外电子带负电荷，质子和中子构成原子核，质子带正电荷，中子不带电荷。物质本身就是由大量带电的微粒构成的。

通常情况下，原子的质子数与核外电子数是相等的。例如碳原子，核外电子有 6 个，质子也是 6 个。这样，它对外不显电性。原子核内部的质子和中子被核力紧密地束缚在一起。核力是强相互作用，所以原子核的结构一般很稳定。核外的电子靠质子的吸引力维系在原子核附近。离原子核较远的电子受到的束缚较小，容易受到外界的作用而脱离原子。当两个物体相互摩擦时，一些束缚较小的电子往往从一个物体转移到另一个物体，于是原来电中性的物体由于得到电子而带负电、失去电子而带正电。这就是"摩擦起电"的原因。

3.2.4 火花放电

冬天脱衣服时我们能听到火花放电的声音，此时摩擦产生的电压很高吗？表 3-2-1 中列出了人体日常活动摩擦产生的静电电压，其中 RH 表示相对湿度，在不同的相对湿度下，电压值有很大的区别，越干燥电压值越高。在易燃易爆气体混合物存在的危险场所和有电爆装置的地方，静电危害常常导致火灾和爆炸事故的发生。如何避免火花放电呢？

表 3-2-1　人体日常活动摩擦产生的静电电压

静电产生的场景	静电电压/V		
	10%RH	40%RH	55%RH
人在地毯上行走	35 000	15 000	7 500
人在塑料地板上行走	12 000	5 000	3 000
坐在椅子上的工人	26 000	20 000	7 000
无接地措施时人体的运动	6 000	800	400
穿着合适的脚带在防静电地板上行走	<15		

在生活生产中，为了防止电荷在导体上过量积累，通常用导线把带电导体与大地连接起来，进行接地放电。大地是良好的导体，如果用导线将带电导体与大地相连，电荷将从带电体流向大地，直到导体带电特别少，可以认为它不再带电。在生活生产中往往要避免电荷的积累，这时接地是一项有效措施。大货车或者油罐车后的铁链的名字叫作静电拖地带，有防止静电引燃货物的作用。飞机用导电橡胶制作机轮轮胎，着陆时它们可以将机身的静电导入地下。

3.2.5 电荷守恒

不管是哪种起电方式，都遵循电荷守恒定律。电荷既不能创造，也不能消失，只能从一个物体转移到另一个物体，或者从物体的一部分转移到另一部分，在转移过程中，电荷的总量保持不变，这个结论叫作电荷守恒定律。近代物理实验发现，带电粒子可以产生和湮没，但带电粒子总是成对产生或湮没，两个粒子所带电荷量相同但极性相反，所以电荷的代数和仍然不变。因此，电荷守恒定律现在的表述如下：一个与外界没有电荷交换的系统，电荷的代数和保持不变。电荷守恒定律是自然界的普遍规律，既适用于宏观系统，也适用于微观系统。

本节问题：

(1)什么是电荷？什么情况下可以说物体"带电"了？

(2)原本就带电的物体为什么不能直接吸引轻小物体而必须经过适当的摩擦才行呢？

3.3 雷电捕手——避雷针

雷电捕手
——避雷针

陆游曾有句诗描述自然界中雷雨之夜雷鸣电闪的场面："雷车驾雨龙尽起，电行半空如狂矢。"该诗讲的是深夜雷声大作，瓢泼大雨，好像四海龙王都腾空跃起，前来行雨；闪电在半空中乱舞，就像疯狂乱射的箭一样迅速。这样一幅大气磅礴、格调激昂的画面让人身临其境，见之生畏。

每秒发生在地球上的雷电次数为 40~50 次，雷电可以为地球提供丰富的氮类肥料，也可兼作天气预报之用，在我国有句农谚："东闪日头西闪雨。"

雷电对人们的生活也有一些破坏性的影响。在雷雨天，建筑物、地面以及人类等遭受雷击的风险都很高。雷电捕手——避雷针的发明大大减少了由雷电引发的自然灾害。

那么雷电是如何产生的？避雷针的工作原理是什么呢？提到避雷针的发明，有一个人不得不提，那就是美国政治家、物理学家富兰克林，他利用一定的工具捕捉到了天上的"电"。

3.3.1 雷电的产生

英国科学家格雷研究了电的传导现象，发现导体与绝缘体的区别。随后，他又发现导体的静电感应现象。通常建筑物和人体大多都是导体。以一块金属导体为例，导体内的自由电子在晶格内做无序的自由运动，然而一旦在金属导体上施加外电场的作用，自由电子就会在电场作用下发生定向运动，最终大部分电子会集中在导体垂直于外电场方向的端面上，而与之相对的端面则由于缺少电子显示出正的电性，这个现象称为静电感应。

雷电是一种大气放电现象，它的产生源于静电感应。云层中的水分子由于运动而摩擦带电，形成了雷雨云，雷雨云的上部较轻以正电荷为主，下部较重以负电荷为主，地面在云层电场的影响下，发生静电感应。因此，靠近云层的地面会带有正电荷。

利用类比思想，云层和地面之间形成了巨大的电容器，电容器的两块板就分别带有大量的正负电荷，在电容器的强大电场作用下，云层中的电子会加速向地面方向运动。

电子高速运动过程中撞击空气分子导致空气电离，电离时发生雪崩效应，电子数目成倍增长，大量电子一起飞向地面，并且在运动中撞击压缩空气发出巨响。正负带电粒子中和会释放光子，以闪电的形式闪现出来，从而形成雷电。

3.3.2 雷击事件——尖端放电

尖端放电现象是导致地面雷击事件的主要原因。我们知道，孤立导体处于静电平衡时，表面各处的面电荷密度与表面的曲率有关，曲率越大的地方，面电荷密度越大。带电体尖端附近的电场强度较大，大到一定的程度，可以使空气电离，产生尖端放电现象。建筑物和人体相当于平缓地面上的凸起，曲率较大，因而其表面上会集中更多的电荷，其附近电场会更强，更易于发生空气放电现象，产生电晕，这就是为什么在高处更容易遭受雷击。

尖端放电中观察到的火光称为电晕，日常生活中能观察到一些电晕现象。例如：燃气灶的电子打火装置，就是通过尖端放电产生电晕，瞬间高温能够引发气体燃料燃烧。氩弧焊通过在电弧焊的周围通上氩气作为保护性气体将空气隔离在焊区之外防止焊区氧化，其钨极针磨得极细，就是利用尖端放电产生高压电弧，使母具融化实现焊接。

3.3.3　避雷针的发明与应用

对雷电的研究要从第一个抓住雷电的人——富兰克林说起。他在 10 岁时辍学，12 岁到印刷所当学徒，阅读了许多书籍，和几个青年创办了"共读社"，后来成为科学家和政治家。他为自己写下墓志铭"印刷工富兰克林"。1746 年，富兰克林观看了一次电学表演，从此开始电学研究。1749 年，他进行了一些新的电学实验。在一次实验中，他把几个莱顿瓶连接在一起，当时，他的妻子正在观看他的实验，因为碰到了莱顿瓶上的金属杆被电击倒地，这给了富兰克林很大的启示。他联想到莱顿瓶放电时能够击死小鸟、老鼠等小动物，雷电可以击死人、畜等，从而推测放电时出现的电火花与天空中的闪电可能具有相同的性质。

经过反复思考，他断定雷电也是一种放电现象，它和在实验室产生的电在本质上是一样的。于是，他写了一篇论文《论天空闪电和我们的电气相同》，并送给了英国皇家学会。但富兰克林的伟大设想竟遭到了许多人的嘲笑，有人甚至嗤笑他是"想把上帝和雷电分家的狂人"。

当时，马森布洛克做过一个实验：在玻璃瓶里装上水，用来储存摩擦起电产生的电荷。实验成功后，经过改进，在瓶的内外贴上金属箔，称为莱顿瓶。富兰克林想，既然莱顿瓶里的电可以引进引出，自然界的电也应该能通过导线从天上引下来。怎样才能把雷电引到地面上呢？富兰克林观察到，闪电和电火花都是瞬时发生的，而且光和声都集中在物体的尖端。他由此想到，如果将带尖的金属杆放到高空中，再用电线把金属杆和地面相连，不就可以把空中的电引到地面上吗？由此，他想起了风筝，何不用风筝把雷电引下来呢？于是，他在风筝上加了一根尖细的金属丝。在系风筝的亚麻线靠近手的一端，加上了一条丝带，接头处系上一把钥匙。

1752 年 7 月，费城下了一场大雷雨，46 岁的富兰克林领着儿子来到牧场，他们把准备好的风筝抛向天空，不一会儿，风筝就飞上高空。富兰克林父子俩躲在一间屋檐下观察着。闪电出现了，"啪"，闪电击中了风筝框上的金属丝，系风筝的亚麻线上的纤维顿时直竖起来，而且能够被手指吸引。富兰克林用食指靠近钥匙环，骤然间，一些电火花从他食指上闪过，富兰克林被一股巨大的兴奋充斥着，他抱起儿子大喊："电，天电捕捉到了。"他将亚麻线上的电引入莱顿瓶中，发现钥匙也可以给莱顿瓶充电，这就是著名的"费城实验"。实际上，风筝带电是因为在雷雨天里空气电离造成的，闪电的形成也是由于这一原因。富兰克林幸运地逃过一劫，如果雷电真的击中风筝，他早就被闪电击倒了。但是这次实验说明了闪电是一种放电现象。人们这样描绘他的成就：他从天空中抓到了雷电，从专制统治者手中夺回了权力。"费城实验"使富兰克林弄明白了"天电"和"地电"原来是一回事。

回到家里以后，富兰克林用雷电进行了各种电学实验，证明了天上的雷电与人工摩擦产生的电具有完全相同的性质。富兰克林关于天上和人间的电是同一种东西的假说，在他自己的这次实验中得到了证实。"费城实验"震惊了世界，在此之前的许多年，人们把雷电比作神和上帝的化身，将雷击看作上帝对人类的惩罚，而富兰克林却揭示了雷电的真正面目，证明雷电不是天神做法，而是带电云层相遇而产生的一种放电现象。当然，富兰克林的这种结论也受到一些人的反对，其中最激烈的就是教会。

"费城实验"的成功给富兰克林以新的启迪：既然风筝上的尖金属杆能将云层上的电引下来，那么，如果将一根金属棒安装在建筑物顶部，并且以金属线连接到地面，等到雷雨天气，雷电就会沿着金属线流向地下，建筑物就不会遭到雷击了。1753年，富兰克林发明了避雷针。为了推广避雷针的使用，富兰克林写了文章《怎样使房屋等免遭雷电的袭击》。由于避雷针能有效地保护建筑物免于雷击，所以很快就传到了世界各地。

富兰克林引入电荷的概念、命名正负电荷、提出电荷守恒的思想、统一"天电"与"地电"、发明避雷针，他对电学的贡献卓越。我们应该从富兰克林身上学习他的探索精神和创新精神，勇于向传统和权威挑战，勇于向已有的一切挑战，秉承正确的科学观。需要注意的是：富兰克林的雷电实验的闪电很弱，他很幸运没有受到伤害，但是一年后，俄国科学家利赫曼在做类似的雷电实验时，被一个球形闪电当场击毙，所以大家不要贸然尝试具有危险性的实验。

3.3.4 避雷针的工作原理

避雷针的工作原理是什么呢？避雷针是安装在建筑物顶部的一个尖端导体，它和建筑物之间是绝缘的，并通过一根导线直接连入地下。避雷针必须可靠接地。实际上，避雷针不是"避"雷，而是"引"电，目的是不让它在建筑物或人体等地方放电。

在雷雨天气，高楼上空出现带电云层时，避雷针和高楼顶部都被感应上大量电荷，由于避雷针针头是尖的，所以静电感应时，避雷针就聚集了大部分电荷。避雷针又与这些带电云层形成了一个电容器，由于它较尖，即这个电容器的两极板正对面积很小，电容也就很小，也就是说它所能容纳的电荷很少。而它又聚集了大部分电荷，所以，当带电云层上电荷较多时，避雷针与带电云层之间的空气就很容易被击穿而成为导体。这样，带电云层与避雷针形成通路，而避雷针又是接地的，避雷针就可以把带电云层上的电荷导入大地，从而消除雷电造成的危害，使高楼大厦在雷电侵袭中能够安然无恙。

图3-3-1给出了几种不同形状的避雷针，避雷针是早期电学研究中的第一项具有重大应用价值的技术成果，它使人类生活的世界多了几分安全。富兰克林发明避雷针不过是寓于必然中的偶然。因为富兰克林早已具备了深厚的理论功底，避雷针的发明不过是对其所学理论灵活运用的具体结晶。

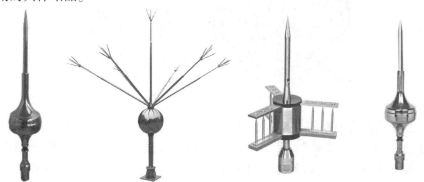

图3-3-1 几种不同形状的避雷针

3.3.5 古人防雷的智慧

1688年，法国旅行家马卡连写的《中国新事》一书中有这样一段记载："当时中国新式屋宇的屋脊两头，都有一个仰起的龙头（图3-3-2），龙口吐出曲折的金属舌头，伸向天空，舌根连着一根根细的铁丝，直通地下。这种奇妙的装置，在发生雷电的时刻就大显神通，若雷击中了屋宇，电流就会从龙口沿线下行泄至地下，起不了丝毫破坏作用。"

图 3-3-2　屋脊的龙头

有着"中国古建筑斗拱博物馆"之称的山西应县木塔（图 3-3-3），建于辽清宁二年，即公元 1056 年，塔高 67.31 m，是世界上现存最高、最古老的纯木结构建筑。应县木塔的塔基是高 4 m 的两层砌石，塔基下及其周围地面为当年建塔时修建的 7 m 深严实夯土层。木、砖、土、石和塔基均处于干燥状态，有极好的绝缘性能。地下无低电阻层，因而有"绝缘避雷"的机制。

图 3-3-3　山西应县木塔

湖北武当山山巅那座铜铸鎏金的金殿（图 3-3-4）是一件工艺珍品，围绕着它有几大奇观，其中之一为"雷火炼殿"。武当山重峦叠嶂，气候多变，云层常带大量电荷。金殿屹立峰巅，是一个庞大的金属导体。当带电云层移来时，云层与金殿顶部之间形成巨大的电势差，就会使空气电离，产生电弧，也就是闪电。强大的电弧使周围空气剧烈膨胀而爆炸，看似火球并伴有雷鸣；而且金殿与天柱峰合为一体，本身就是一个良好的放电通道，又巧妙地利用曲率不大的殿脊与脊饰物（龙、凤、马、鱼、狮），保证了出现炼殿奇观而又不被雷击。

图 3-3-4　湖北武当山山巅的金殿

3.3.6　静电屏蔽与应用

静电在工业和生活中有很重要的用途，但有时又会带来很多麻烦，需要屏蔽。在许多场合都可以发现人们应用静电的例子，如静电除尘、静电喷漆、静电复印。

1. 笼式避雷网——鸟巢

2008 年奥运会场馆鸟巢(图 3-3-5)，其主体采用钢材，即全由导体构成。整个"钢筋铁骨"就是一个"笼式避雷网"。为了防止雷击对人体的伤害，场馆内人能触摸到的部位上，如钢结构，都进行了特殊处理，抵消了雷电对人的影响，绝对不会伤害到人；同时，鸟巢内几乎所有的设备都和避雷网连接，保证雷电来临的一瞬间，能顺利将巨大电流导入地下，保证了场馆自身、仪器设备和人们的安全。这样的设计着实让人惊叹！

图 3-3-5　鸟巢

2. 法拉第笼

说起防雷作用，"法拉第笼"也很经典。英国物理学家、电磁学奠基人法拉第于 1836 年发现带电导体上的过剩电荷只存在于其金属表面，不会对封闭导体内部的物体产生任何影响。为了证实这个论点，他搭建了一个由金属外壳构成的房间，并电击房间外壳，验电器显示，房间内部没有出现多余的电荷，房间的金属外壳对其内部起到了保护作用。因此，将由金属或良性导体构成的笼子命名为"法拉第笼"。如图 3-3-6 所示，人们站在"法拉第笼"内，感受 100 万伏高压电流从身旁闪过。

"法拉第笼"原理已被广泛应用。根据统计，飞机每行驶十几万千米后就会遭受一次雷击，但是不会带来灾难性的后果。这是因为飞机外壳为金属材料，具有"法拉第笼"效应，对雷击具有良好的屏蔽效果，飞机遭受雷击时，内部的人员和设备是安全的。

图 3-3-6　法拉第笼

3. 静电屏蔽室——汽车

汽车是个静电屏蔽室。在雷雨天气行驶的汽车不幸被雷击中后，依然能够安然无恙地继续行驶。其原因是，汽车车体由金属构成，类似于"法拉第笼"，雷击时形成等电势连接，电流通过车体和雨水泄放入地，车体内部的驾驶员和乘客不会受到雷击的影响。著名汽车节目 *Top Gear* 曾经做过雷击汽车的实验：用 60 万伏的高压电击中汽车。实验显示，在受到高压电击之后，车辆只有仪表盘的指示灯受到了影响，其他各种仪器正常，车体也完全没有受到任何伤害，坐在车内的主持人更是安然无恙，真可谓是防雷的"金钟罩"。

4. 静电除尘

静电除尘是气体除尘方法的一种。在强电场中空气分子被电离为正离子和电子，电子奔向正极过程中遇到尘粒，使尘粒带负电并吸附到正极，从而被收集。当然近年来通过技术创新，也有采用负极板集尘的方式。以往静电除尘常用于以煤为燃料的工厂、电站，收集烟气中的煤灰和粉尘，在冶金中用于收集锡、锌、铅、铝等的氧化物，现在也有可以用于家居的除尘灭菌产品。

雷电中蕴含了巨大的能量，如果有一天人类能够驾驭雷电，那么我们的生活将会发生翻天覆地的变化。

本节问题：

（1）什么是尖端放电？

（2）避雷针的工作原理是什么？

（3）请大家开动脑筋想一想，未来我们能不能利用闪电中的能量来改变世界呢？

3.4 类比思想与库仑定律

北宋官员、科学家沈括在《梦溪笔谈》中说道："天地之变，寒暑风雨，水旱螟蝗，率皆有法。"其寓意是，自然界事物的变化都是有规律的，而且这些规律是客观存在的，是不以人们的意志为转移的。

类比思想与库仑
定律

库仑定律是电磁学的一条重要实验定律。学习物理学，除学习知识本身外，更重要的是学习物理规律中体现的物理思想。库仑定律是类比思想的典型应用。它的建立既是实验经验的总结，也是理论研究的成果。特别是力学中引力理论的发展，使电磁学少走了许多弯路，直接形成了严密的定量规律。从库仑定律的发现可以获得许多启示，对阐明物理学发展中理论和实验的关系、了解物理学的研究方法均会有所裨益。

3.4.1 从万有引力得到的启示

18 世纪中叶，牛顿力学已经取得辉煌胜利。人们坚信万有引力定律的正确性，将万有引力定律外推到电和磁的研究中。无论是排斥还是吸引，两带电体间电场力的大小与什么有关呢？服从什么规律呢？这是当时科学家关心的问题。18 世纪后期，随着实验条件的不断改善，科学家开始了对电荷相互作用的实验研究。

1759 年，德国柏林科学院院士爱皮努斯对电力进行了研究，他提出一种假设，认为电荷之间的斥力和引力随带电体的距离减小而增大，于是对静电感应现象做出了更完善的解释。不过，爱皮努斯并没有用实验验证这个假设。1760 年，伯努利（图 3-4-1）首先猜测电力会不会也跟万有引力一样服从平方反比定律，他的想法在当时有一定的代表性。

1755 年，富兰克林（图 3-4-2）观察到电荷只分布在导体表面，而在导体内部没有静电效应。他把这一现象告诉了他的朋友——英国科学家普利斯特利，并建议普利斯特利重复这个实验，加以确认。普利斯特利曾经从牛顿的万有引力理论出发，将电荷作用力和万有引力相类比，推测电荷的作用力也符合平方反比定律，但并没有用实验来证实这一结果，所以还是停留在猜测的阶段。值得一提的是，在科学研究过程中，科学家之间的交流与合作可以集众人之智慧，形成一种互补优势，并且常常能激荡出宝贵的创造火花，继而发展成重大科研成果，推动科学进步。科学史上有很多这样的历史经验值得我们借鉴、参考。

图 3-4-1 伯努利（1700—1782）

图 3-4-2 富兰克林（1706—1790）

科学史上，曾经还有两位科学家对电力做过定量的实验研究，并得到明确的结论。可惜，他们没能及时公布研究成果，没有对科学的发展起到应有的推动作用。其中一位是苏格兰的罗宾逊，他在1769年设计了一个杠杆装置，利用活动杆所受重力和电力的平衡，从支架的平衡角度求电力与距离的关系，得出电力服从平方反比定律的结论。直到1801年，罗宾逊才公布此项研究成果。

牛顿在《自然哲学的数学原理》中，利用万有引力与距离平方成反比的规律，证明了均匀的物质球壳对壳内物体应无引力作用。在此启发下，另一位物理学家卡文迪许（图3-4-3）在1772年到1773年间，做了一个双层同心球（图3-4-4）实验，精确测量出电力与距离的关系。卡文迪许这样描述他的装置："我取一个直径为12.1英寸的球，用一根实心的玻璃棒穿过中心当作轴，并覆盖以封蜡……然后把这个球封在两个中空的半球中间，半球直径为13.3英寸，厚1/20英寸……然后，我用一根导线将莱顿瓶的正极接到半球，使半球带电。"

卡文迪许通过一根导线将内外球连在一起，外球壳带电后，取走导线，打开外球壳，用木髓球验电器检测内球是否带电。结果发现木髓球验电器没有指示，证明内球没有带电，电荷完全分布在外球上。

卡文迪许将这个实验重复了多次，确定电力服从平方反比定律，指数偏差不超过0.02。卡文迪许的这个实验设计得相当巧妙，他用的是当年最原始的电测仪器，却获得了相当可靠的结果。

卡文迪许分析，既然一个带电金属球壳内部的任何一点都没有电力作用，如果把球壳切成两半，在腔内放一点电荷，该点电荷不受力的作用，说明两部分球壳上的电荷对腔内点电荷的静电力是相互抵消的。卡文迪许证明，只有静电力反比于距离的平方时，两个力才会抵消。他由此得到电力服从平方反比定律的结论。卡文迪许的同心球实验比库仑的扭秤实验要早11年，而且结果比库仑精确。由于他生性孤僻很少与人交往，因此直到他去世，都没有公开发表这一研究成果，未对电学发展起到推动作用。

卡文迪许的手稿在埋藏了约100年之久才被人发现。1879年，麦克斯韦整理出卡文迪许的这项研究成果，他的工作才为世人所知。如果这个研究成果能够及时发表，也许现在的库仑定律就要改个名称了。由此可见，为了促进科学进步，仅仅提出丰富思想、开发新的实验、阐述新的问题或创立新的方法是不够的，还必须要有效及时地把研究成果与他人交流，为共有的知识大厦添砖加瓦。只有那些能及时被其他科学家有效认同和利用的研究成果才有意义。所以，做科学研究，要小心假设、大胆求证、善于分享、及时发表科研成果，这样才可以使科学造福人类。

图3-4-3 卡文迪许（1731—1810）

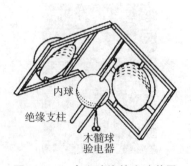

图3-4-4 卡文迪许的实验装置

内球

绝缘支柱

木髓球
验电器

3.4.2 卡文迪许和米切尔的研究成果

牛顿的思想在卡文迪许和另一位英国科学家米切尔的研究成果中得到了体现。米切尔是天文学家，也对牛顿的力学感兴趣。在1751年发表的短文《论人工磁铁》中，他写道："每一磁极吸引或排斥，在每个方向，在相等距离，其引力或斥力都精确相等，按磁极的距离的平方的增加而减少。"他还说："这一结论是从我自己做的和我看到别人做的一些实验推理出来的，但我不敢确定就是这样，我还没有做足够的实验，还不足以精确地做出定论。"

既然实验的根据不足，为什么还肯定磁力是按距离的平方成反比地减少呢？甚至这个距离还明确地规定是磁极的距离，可是磁极的位置又是如何确定的呢？显然，是因为米切尔先有了平方反比的模式。

在米切尔之前确有许多人步牛顿的后尘研究磁力的规律，例如，哈雷、豪克斯比、马森布洛克等人都做过这方面的工作，几乎连绵百余年，但都没有取得判决性的结果。米切尔推断磁力平方反比定律的结论可以说是牛顿长程力思想的胜利，把引力和磁力归于同一形式，促使人们更积极地去思考电力的规律性。

米切尔和卡文迪许都是英国剑桥大学的成员，他们之间有深厚的友谊和共同的信念。米切尔得知库仑发明扭秤后，曾建议卡文迪许用类似的方法测试万有引力。这项工作使卡文迪许后来成了第一位直接测定引力常量的实验者。正是由于米切尔的鼓励，卡文迪许做了同心球的实验。

但是卡文迪许的同心球实验结果和他自己的许多看法，却没有公开发表。直到19世纪中叶，开尔文发现卡文迪许的手稿中有圆盘和同半径的圆球所带电荷的正确比值，才注意到这些手稿的价值，经他催促，才于1879年由麦克斯韦整理发表。卡文迪许的许多重要发现竟埋藏了100年之久。对此，麦克斯韦写道："这些关于数学和电学实验的手稿近20捆，其中物体上电荷(分布)的实验，卡文迪许早就写好了详细的叙述，并且费了很大气力书写得十分工整(就像要拿出去发表的样子)，而且所有这些工作在1774年以前就已完成，但卡文迪许(并不急于发表)仍是兢兢业业地继续做电学实验，直到1810年去世时，手稿仍在他自己身边。"

卡文迪许出身于贵族家庭，对于家产厚禄，他都没有兴趣，一心倾注在科学研究之中。早年攻读化学和热学，发现氢氧化合成水。他后来做的电学实验有：电阻测量，比欧姆早几十年得到欧姆定律；研究电容的性质和介质的介电常量，引出了电势的概念；发现金属的温度越高，导电能力越弱等。对于卡文迪许把全副身心倾注在科学研究工作上的这种精神，麦克斯韦写道："卡文迪许对研究的关心远甚于对发表著作的关心。他宁愿挑起最繁重的研究工作，克服那些除他自己没有别人会重视甚至也没有别人知道的那些困难。我们毋庸置疑，他所期望的结果一旦获得成功，他会得到多么大的满足，但他并不因此而急于把自己的发现告诉别人，不像一般搞科研的人那样，总是要保证自己的成果得到发表。卡文迪许把自己的研究成果捂得如此严实，以至于电学的历史失去了本来面目。"

卡文迪许性情孤僻，很少与人交往，唯独与米切尔来往密切，他们共同讨论，互相勉励。米切尔当过卡文迪许的老师，为了"称衡"星体的质量，曾从事大量天文观测。他们的共同理想是要把牛顿的引力思想从天体扩展到地球，进而扩展到磁力和电力。米切尔发现了磁力的平方反比定律，但他没能完成测量电力和地球密度的目标。卡文迪许正是为了实现米切尔和他自己的愿望而从事研究。可以说，米切尔和卡文迪许是在牛顿的自然哲学的鼓舞下坚持工作的。他们证实了磁力和电力这些长程力跟引力具有同一类型的规律后，并不认为达到了最终目标，还力图探求牛顿提出的短程力。卡文迪许在他未发表的手稿中多处涉及动力学、热学和气体动力学，都是围绕着这个中心，只是没有明确地表达出来。米切尔则把自己对短程力的普遍想法向普利斯特利透露过，在普利斯特利的著作——1772 年发表的《光学史》一书中记述了米切尔的思想。

3.4.3 库仑的扭秤实验和库仑定律

库仑是法国工程师和物理学家，在电学研究方面做出了重大贡献，被誉为"电磁学中的牛顿"。库仑认为磁针支架在轴上，必然会带来摩擦，于是提出用细头发丝或丝线悬挂磁针。在实验中，库仑发现，丝线扭转时的扭力和磁针转过的角度成比例关系，从而可利用此装置测出静电力和磁力的大小，他因此发明了扭秤。库仑发明扭秤曾经受到纺车的启发。他在乡下注意到纱线的断头总是向相反的方向卷曲，并且纺线拧得越紧，反卷的圈数就越多。他联想到，可以根据纱线卷曲的程度来度量力的大小，进而可以用来测量电荷之间的力。

1785 年，库仑利用扭秤实验测量了两电荷之间的作用力与它们之间距离的关系。他得出结论：两个带有同种类型电荷的小球之间的排斥力与这两球中心之间的距离平方成反比。1785 年，库仑在论文《电力定律》中详细地介绍了实验装置、测试经过和实验结果。

库仑扭秤的结构如图 3-4-5 所示，在一根细银丝下悬挂一根绝缘棒，棒的一端是一个带电的小球 A，另一端是一个不带电的小球 B，它是用来平衡 A 的重力的，为了研究带电体之间的作用力，把另一个带电小球 C 插入容器中，靠近 A 球，A 和 C 之间的静电力使细银丝扭转，转动细银丝上端的旋钮，使小球回到原来位置，这个过程中细银丝的扭力矩就等于小球 A 受到的静电力的力矩，如果事先校准标定过细银丝的扭力矩与扭转角度之间的关系，就可以根据角度得到扭力矩，进而得到静电力的力矩，再结合杠杆长度，就能得到带电体 A、C 之间的静电力大小了。改变 A 和 C 之间的距离，并记录每次刻度盘上指针对应的读数，就可以得到力 F 与距离 r 之间的关系：力与距离的平方成反比。静电力与距离的关系搞清楚了，还需要研究静电力与物体所带电荷量之间的关系，但是在库仑那个年代，还不知道怎样测量物体的电荷量，怎么解决这个问题呢？库仑猜测，两个相同的带电金属小球接触后，它们的电荷量应该是均分的，事实是否如此呢？库仑用第三个小球进行了检验，这两个小球在同样的距离对第三个小球的作用力相等，这就验证了电荷量均分的特点，根据这个特点，如果把一个带电金属球(电荷量为 q)与另一个完全相同但不带电的小球接触，前者的电荷量就会分给后者一半，类似还可以得到 $q/4$ 和更小的 $q/8$ 等，是不是很巧妙呢？有了确定电荷量的方法，库仑继续研究，就得到了电荷间的作用力与电荷量的关系：力 F 与 q_1、q_2 的乘积成正比。综合以上两个结论就得到库仑定律了。

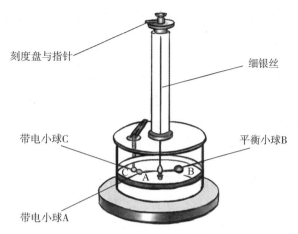

刻度盘与指针

细银丝

带电小球C

平衡小球B

带电小球A

图 3-4-5 库仑扭秤示意图

把库仑定律写成等式为

$$F = k\frac{q_1 q_2}{r^2}e_r \qquad (3\text{-}4\text{-}1)$$

式中，e_r 为从 q_1 到 q_2 方向的单位矢量；k 为静电力常量，后来测得 $k = 8.99 \times 10^9 \ \text{N} \cdot \text{m}^2 \cdot \text{C}^{-2}$。

该公式意味着，两个 1 C(电荷单位，库仑)的点电荷在真空中相距 1 m，相互作用力将达到 8.99×10^9 N，这差不多相当于 100 万吨的物体所受的重力。由此可见，库仑是个非常大的电荷量单位，通常一把梳子与头发摩擦后，所带的电荷量不到百万分之一库仑。

3.4.4 万有引力定律和库仑定律比较

万有引力定律和库仑定律的公式形式很接近，主要是指它们都是平方反比定律，它们之间有哪些相似点和不同之处呢？

万有引力定律：属于自然科学领域定律，自然界中任何两个物体都是相互吸引的，引力的大小跟这两个物体的质量乘积成正比，跟它们之间距离的平方成反比。

库仑定律：电磁场理论的基本定律，真空中两个静止的点电荷之间的作用力与这两个电荷所带电荷量的乘积成正比，和它们之间距离的平方成反比，作用力的方向沿着这两个点电荷的连线，同性电荷相斥，异性电荷相吸。相似点主要有以下 6 点。

(1)两种力的大小均与作用双方的质量或电荷量的乘积成正比，与距离的平方成反比，且均以场为媒介作用。

(2)在两个公式的推导过程中，都使用了"理想模型"的物理方法，将施力、受力物体的体积视为非常小的"点"。

(3)都可以利用"扭秤实验"证明公式的正确性。万有引力定律使用"卡文迪许扭秤"，库仑定律使用"库仑扭秤"。

(4)两种力的方向均沿两物体的连线方向，两种力均为保守力。

(5)叠加原理均适用于两个定律，即两个物体之间的作用力不因第三个物体的存在而改变。

(6)这两种相互作用力均属于长程力。

不同之处有以下 5 点。

（1）万有引力只可能是引力，库仑力可以表现为引力或斥力，其方向与两物体的电荷量同号或异号有关。

（2）万有引力定律是先有理论，再通过实验证明的，库仑定律是一条实验定律。

（3）万有引力定律只适用于低速、弱引力场，而不适用于高速、强引力场，库仑定律只适用于场源电荷静止的情况，不适用于运动电荷对静止电荷的作用力。

（4）万有引力在宏观上占主导地位，库仑力在微观上（原子尺度）占主导地位。

（5）万有引力是不可屏蔽的，库仑力（静电力）是可以屏蔽的。

人们利用类比思想探索了许多未知的领域，使许多物理学中的疑难问题得到解决。库仑注意到电荷之间的静电力的规律与万有引力有类似的地方，于是大胆地假设静电力的规律与万有引力定律有类似的形式，通过类比思想提出了新定律。法拉第将"电场"和"磁场"类比于流体场，对电场和磁场的物理图像进行了直观的描绘。麦克斯韦将有关流体场的数学结论推广到电场、磁场中去，赋予了法拉第的力线以实在的物理含义，提出了力线的机械模型，将电和磁的量联系起来。

关于类比思想，麦克斯韦说道："为了不用物理理论而得到物理思想，我们必须熟悉物理类比的存在。所谓物理类比，我指的是一种科学定律与另一种科学定律之间的部分相似性。它使得这两种科学可以相互说明。"通过了解库仑定律的发现过程，我们知道在形成物理概念、掌握物理规律的进程中，接受方法论的教育，感悟物理学概念和规律建构过程中体现的物理方法和物理思维的重要性。由于科学方法的通用性和物理学规律的相似性，我们才有可能在有限岁月里学习几乎全部物理知识，并用已有的知识创造新的知识。

本节问题：

（1）什么是类比思想？

（2）简述库仑定律的发现过程。

（3）物理中还有什么地方用到了类比思想？

3.5　电流的产生及其磁效应

前面讨论的是静电学现象，到 18 世纪末，电学从静电领域发展到电流领域，这是一大飞跃，这个飞跃开始于对动物电的研究，意大利生物学家伽伐尼和意大利物理学家、化学家伏特在这方面起了先锋作用。

从电流的产生到
"电流碰撞"

3.5.1　从动物电研究到伏特电堆发明

伽伐尼是一位生物学家、解剖学教授，在 1791 年他发表了一篇著名论文《论肌肉运动中的电力》，其中提出了一些重要而有趣的实验现象，如他发现用铜钩戳穿放在铁板上的被剖开的青蛙腿并且接触到铁板时，蛙腿会发生强烈的抽搐现象。这是什么原因呢？曾经在伦敦博物馆，他看到当人用两只手同时接触一种称为"电鳗"的鱼的头部和尾部时，有一种电麻的感觉，这说明电鳗体内存在"动物电"，可引起放电，他立刻想到可用"动物电"来解释蛙腿的抽搐，即"有一种神经电流从神经流到肌肉中去"。尽管后来知道他的解释是错误的，但他的重要发现还是引起世人瞩目，欧洲各国对动物电的研究形成了热潮。

当时年过 45 岁的伏特在著名的帕维亚大学任物理学教授，他自小爱好科学，在青年时期就开始了电学实验，自己制造实验仪器。善于质疑的伏特提出了疑问：为什么青蛙腿只有和铜器、铁器接触时才发生抽搐？为此，他做了两个实验。

实验1：将青蛙腿放在铜盘里，用解剖刀去接触，蛙腿抽搐。

实验2：将青蛙腿放在木盘里，用解剖刀去接触，蛙腿不动。

伏特用实验推翻了伽伐尼的结论，认为要有两种活泼性不同的金属同时接触蛙腿，蛙腿才会抽搐。事实上，伏特通过大量实验发现了两种不同金属相互接触时会产生接触电势差。也就是说，青蛙的抽搐是这种接触电势差（一种外部电）的作用结果，并不是来自青蛙自身内部的动物电，青蛙只是起了一种非常灵敏的静电计的作用。伏特根据实验结果将部分产生接触电势差的金属排成一个序列：锌、铁、锡、铅、铜、银、金。只要将序列中任意两种金属接触，排在前面的金属必带正电，排在后面的金属必带负电。通过进一步深入研究，伏特发现导电体可分为两大类，第一类是金属，它们接触时会产生电势差；第二类是现在称为电解质的液体（如盐水、稀酸溶液等）。

1800 年，55 岁的伏特发明了"伏特电堆"。伏特把锌片和铜片夹在用盐水浸湿的纸片中，重复地叠成一堆，形成了很强的电源，这就是著名的"伏特电堆"。把锌片和铜片插入盐水或稀酸杯中，也可以形成电源，叫作伏特电池。伏特为了尊重伽伐尼的先驱性工作，在自己的著作中总是称之为伽伐尼电池。所以，以他们两人名字命名的电池，实际上是一回事。

伏特电堆（电池）的发明，提供了产生恒定电流的电源，使电学从静电走向动电，为人们研究电流的各种效应提供了条件。从此，电学进入了一个飞速发展的时期——研究电流和电磁效应的新时期。人们为了纪念他的神奇发明，将电势差（电压）的单位称为"伏特"，简称"伏"。1801 年他去巴黎，在法国科学院表演了他的实验，当时拿破仑也在场，他立即下诏授予伏特一枚特殊金质奖章和一份养老金，并使伏特成为法国科学院的院士。

3.5.2 电流的磁效应

长期以来，磁现象与电现象是被分别进行研究的。吉尔伯特对磁现象与电现象进行深入分析对比后断言电与磁是两种截然不同的现象，没有什么一致性。之后，许多科学家都认为电与磁没有什么联系，连库仑也曾断言，电与磁是两种完全不同的实体，它们不可能相互作用或转化。但是电与磁是否有一定的联系的疑问一直萦绕在一些有志探索的科学家的心头。丹麦物理学家奥斯特就是其中一位，他是康德哲学思想的信奉者，深受康德等人关于各种自然力相互转化的哲学思想的影响，他坚信客观世界的各种力具有统一性，并开始对电、磁的统一性进行研究。

1751 年富兰克林用莱顿瓶放电的办法使钢针磁化，这对奥斯特的启发很大，他认识到电向磁转化不是可能或不可能的问题，而是如何实现的问题，电与磁转化的条件才是问题的关键。开始奥斯特根据电流通过直径较小的导线会发热的现象推测：如果通电导线的直径进一步缩小，那么导线就会发光；如果直径进一步缩小到一定程度，就会产生磁效应。但奥斯特沿着这条路子并未发现电向磁的转化现象。奥斯特没有因此灰心，仍在不断实验，不断思索。他分析了以往实验都是在电流方向上寻找电流的磁效应，结果都失败了，莫非电流对磁体的作用根本不是纵向的，而是一种横向力，于是奥斯特继续进行新的探索。

1820年4月的一天晚上，奥斯特在为精通哲学及具备相当物理知识的学者讲课时，突然来了"灵感"，在讲课结束时说："让我把通电导线与磁针平行放置来试试看！"于是，他在一个小伽伐尼电池的两极之间接上一根很细的铂丝，在铂丝正下方放置一枚磁针，然后接通电源，小磁针微微地转动，转到与铂丝垂直的方向。小磁针的转动，对听课的听众来说并没什么，但对奥斯特来说实在太重要了，他终于看到了多年来盼望出现的现象。他又改变电流方向，发现小磁针向相反方向偏转，说明电流方向与磁针的转动之间有某种联系。

奥斯特为了进一步弄清楚电流对磁针的作用，从1820年4月到7月，费了3个月的时间，做了60多个实验。他把磁针放在导线的上方、下方，考察电流对磁针作用的方向；把磁针放在距导线不同距离处，考察电流对磁针作用的强弱；把玻璃、金属、木头、石头、瓦片、松脂、水等放在磁针与导线之间，考察电流对磁针的影响……他于1820年7月发表了论文《关于磁针上电流碰撞的实验》，论文仅用4页纸，实验报告十分简洁，向科学界宣布了电流的磁效应。

1820年7月21日作为一个划时代的日子被载入史册，它揭开了电磁学的序幕，标志着电磁学时代的到来。法拉第后来评价这一发现时说："它猛然打开了一个科学领域的大门，那里过去是一片漆黑，如今充满光明。"

有人认为奥斯特发现电流的磁效应只是一个偶然，实际上他早已有了把自然界中各种现象相互联系的思想，机会总是眷顾有准备的人。他对电和磁的统一性研究了十几年，终于发现了电流的磁效应。从奥斯特身上我们应该学到：没有充分的准备就没有成功的机会，机会只会给有准备的人。

任何通有电流的导线，都可以在其周围产生磁场的现象，称为电流的磁效应。非磁性金属通以电流，也可产生磁场，其效果与磁铁建立的磁场相同。在通有电流的长直导线周围，会有磁场产生，其磁力线的形状为以导线为圆心的一系列闭合的同心圆，且磁场的方向与电流的方向相互垂直。

3.5.3 神奇的电磁铁——电流磁效应的应用

我们已经知道电流具有热效应、化学效应，人们利用电流的热效应制成了电饭锅、电烙铁等用电进行加热的设备，其工作原理就是把电能转化成内能。电流的化学效应被广泛地应用在电镀、电解方面。这里我们重点介绍电流的磁效应及其应用。

电流的磁效应有许多应用，电磁铁是其重要应用之一，与生活联系紧密。

1. 电磁铁的结构及工作原理

电磁铁是利用载流铁芯线圈产生的电磁吸力来操纵机械装置，以完成预期动作的一种电器。它是将电能转换为机械能的一种电磁元件。如图3-5-1所示，电磁铁主要由线圈、铁芯及衔铁3部分组成，铁芯和衔铁一般用软磁材料制成。铁芯一般是静止的，线圈总是装在铁芯上。开关电器的电磁铁的衔铁上还装有弹簧。

当线圈通电后，铁芯和衔铁被磁化，成为极性相反的两块磁铁，它们之间产生电磁吸力。当电磁吸力大于弹簧的反作用力时，衔铁开始向铁芯方向运动。当线圈中的电流小于某一定值或中断供电时，电磁吸力小于弹簧的反作用力，衔铁将在反作用力的作用下返回原来的释放位置。

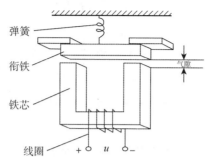

图 3-5-1　电磁铁的基本构成

2. 电磁铁的优点

电磁铁有许多优点：电磁铁磁性的有无可以用通、断电流控制；磁性的大小可以用电流的大小或线圈的匝数来控制，可改变电阻控制电流大小来控制磁性大小。它的磁极可以由改变电流的方向来控制；等等。也就是说，磁性的强弱可以改变，磁性的有无可以控制，磁极的方向可以改变，磁性可因电流的消失而消失。

3. 电磁铁的分类和应用

电磁铁可以分为直流电磁铁和交流电磁铁两大类型。如果按照用途不同来划分电磁铁，主要可分为以下 5 种。

(1)牵引电磁铁：用来牵引机械装置、开启或关闭各种阀门，以执行自动控制任务。

(2)起重电磁铁：用来吊运钢锭、钢材、铁砂等铁磁性材料。

(3)制动电磁铁：用来对电动机进行制动，以达到准确停车的目的。

(4)自动电器的电磁铁：用来作为电磁继电器和接触器的电磁系统、自动开关的电磁脱扣器及操作电磁铁等。

(5)其他用途的电磁铁：用来作为磨床的电磁吸盘以及电磁振动器等。

电磁铁的应用主要如下。

1)电磁起重机

电磁铁在实际中的应用很多，最直接的应用就是电磁起重机。把电磁铁安装在吊车上，通电后吸起大量钢铁，移动到另一位置后切断电流，把钢铁放下。大型电磁起重机一次可以吊起十几吨钢材。

2)电磁继电器

电磁继电器是由电磁铁控制的自动开关。使用电磁继电器可用低电压和小电流来控制高电压和大电流，实现远距离操作。

3)电铃

电磁铁可以应用于电铃上。如图 3-5-2 所示，电路闭合，电磁铁吸引弹性片，使铁锤向铁铃方向运动，铁锤打击铁铃而发出声音；电路断开，电磁铁没有了磁性，铁锤又被弹回，电路闭合。如此不断重复，电铃便发出持续的铃声。

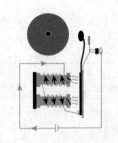

图 3-5-2　电铃示意图

4）电磁选矿机

电磁选矿机是根据磁体对铁矿石有吸引力的原理制成的。如图 3-5-3 所示，当电磁选矿机工作时，铁砂将落入 B 箱。矿石在下落过程中，经过电磁铁时，非铁矿石不能被电磁铁吸引，由于重力的作用直接落入 A 箱；而铁矿石能被电磁铁吸引，吸附在滚筒上并随滚筒一起转动，到 B 箱上方时电磁铁对矿石的吸引力已非常微小，所以矿石由于重力的作用而落入 B 箱。

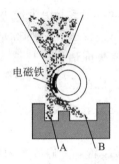

电磁铁

A　B

图 3-5-3　电磁选矿机示意图

5）磁悬浮列车

磁悬浮列车是一种采用无接触的电磁悬浮、导向和驱动系统的高速列车，它的时速可达到 500 km 以上，是当今世界最快的地面客运交通工具，有速度快、爬坡能力强、能耗低、运行时噪声小、安全舒适、不燃油、污染少等优点。它采用高架方式，占用的耕地很少。磁悬浮列车利用磁的基本原理悬浮在导轨上，以此来代替旧的钢轮和轨道列车。磁悬浮技术利用电磁力将整个列车车厢托起，摆脱了讨厌的摩擦力和令人不快的锵锵声，实现与地面无接触、无燃料的快速"飞行"。

6）扬声器

扬声器是把电信号转换成声信号的一种装置，主要由固定的永久磁体、线圈和锥形纸盆构成。当声音以音频电流的形式通过扬声器中的线圈时，扬声器上的磁铁产生的磁场对线圈将产生力的作用，线圈便会因电流大小的变化产生不同频率的振动，进而带动纸盆发出不同频率的声音。纸盆将振动通过空气传播出去，于是就产生了我们听到的声音。

电流的磁效应与我们的生活息息相关，随着生活水平的提高，人们在日常生活中对电气设备的需求越来越高，相信在不久的将来，会有越来越多与电流磁效应相关的应用问世。

本节问题：

（1）什么是电流的磁效应？

（2）请大家思考一下，在生活中还有哪些电流的磁效应的实例？

3.6　安培力及其应用

塞尔维亚裔美籍发明家、物理学家、机械工程师、电气工程师特斯拉这样说过："人类最重要的进步依赖于科技发明，而发明创新的终极目的是完成对物质世界的掌控，驾驭自然的力量，使之符合人类的需求。"

安培力与电磁轨道炮

3.6.1　安培和安培定律

安培，法国科学家，被称为"电学中的牛顿"。安培在法国长大时，正处于法国社会变革时期，他几乎没受过正规教育，只好以他父亲和百科全书作为老师。个人遭遇不好，家庭几经磨难，即使这样，也没有动摇安培对科学的追求。

奥斯特发现电流的磁效应引起法国科学界的极大兴趣。法国物理学家阿拉果在瑞士听到了奥斯特发现电流的磁效应的消息，十分敏锐地感到这一成果的重要性，随即于1820年9月初从瑞士赶回法国，9月11日即向法国科学院报告了奥斯特的这一最新发现，他详细地向科学院的同事们描述了电流的磁效应的实验。阿拉果的报告，在法国科学家中引起了很大反响。当时，以科学上极为敏感、最能接受他人成果而著称的安培对此做出了异乎寻常的反应，他于第二天就重复了奥斯特的实验，并加以发展，于1820年9月18日向法国科学院报告了第一篇论文，阐述了他重复做的电流对磁针的实验。安培开始思考自然界的对称性，他考虑到既然磁体与磁体、电流与磁体之间有力的作用，那么如果用电流代替磁体，电流之间有力的作用吗？他用实验证明了两平行载流导线，当电流方向相同时相互吸引，当电流方向相反时相互排斥，如图3-6-1所示。

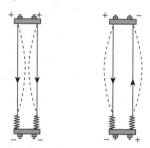

图3-6-1　两根载流导线之间发生相互作用

安培在实验中发现磁针转动的方向与电流方向的关系服从右手螺旋定则，后人称之为"安培定则"，如图3-6-2所示，右手握住导线，大拇指指向电流的方向，其余四指所指的方向即磁力线的方向或磁针N极所受磁力的方向。

磁场对电流的作用力通常称为安培力，这是为了纪念安培在磁场对电流的作用力方面的杰出贡献。左手定则如图3-6-3所示，伸开左手，使拇指与其他四指垂直且在一个平面内，让磁力线从手心流入，四指指向电流方向，大拇指的指向就是安培力方向（即导体受力方向）。

图 3-6-2　安培定则

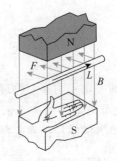

图 3-6-3　左手定则

安培力公式可以表示为

$$F = BIL \qquad\qquad (3-6-1)$$

垂直于磁场的一段通电导线，在磁感应强度为 B 的磁场中某处受到的安培力的大小 F 跟电流 I 和导线的长度 L 的乘积成正比。

3.6.2　电磁轨道炮的起源与发展

电磁轨道炮（图 3-6-4）是利用电磁发射技术制成的一种先进的动能杀伤武器。与传统的大炮将火药燃气压力作用于弹丸不同，电磁轨道炮利用电磁系统中电磁场的作用力，其作用的时间要长得多，可大大提高弹丸的速度和射程，因而引起了世界各国军事家们的关注。电磁轨道炮在未来武器的发展计划中，已成为越来越重要的部分。

图 3-6-4　电磁轨道炮

电磁轨道炮是法国人维勒鲁伯于 1920 年发明的。第二次世界大战（以下简称"二战"）中，德国汉斯勒博士开展了对电磁轨道炮的全面研究。1944 年，他研制出了长为 2 m、口径为 20 mm 的轨道炮，能把质量为 10 g 的圆柱体铝弹丸加速到 1.08 km/s。1945 年，他又将 2 门轨道炮串联起来，使炮弹初速度达到了 1.21 km/s。"二战"期间，日本研究感应加速式电磁炮，并把 2 kg 的弹丸加速到 335 m/s。"二战"之后相当长的一段时间内，由于无法从根本上解决材料和电力等关键问题，因此电磁轨道炮的研究中断了很久。

1970 年，德国的哈布和齐默尔曼用单极线圈炮把 1.3 g 的金属环加速到 490 m/s。1978 年，澳大利亚国立大学物理学家理查德·马歇尔和约翰·巴伯等人使用 5 m 长的导轨炮，以可供 1.6 MA 电流的 550 MJ 双层单极发电机为电源，取得了将质量为 3.3 g 的塑料弹丸以 5 900 m/s 的高速发射成功的突破性进展。

1978 年，美国国防部先后成立了电磁炮发展研究顾问委员会和技术工作组。1992 年，美国把一门口径为 90 mm、炮口动能为 9 MJ 的电磁炮的样炮推到尤马靶场进行试验。

3.6.3　电磁轨道炮的优点及应用

电磁轨道炮由两条平行的导轨组成，弹丸夹在两条导轨之间。将两条导轨接入电源，电流经一导轨流向弹丸再流向另一导轨产生强磁场，磁场与电流相互作用，产生强大的安培力推动弹丸，使弹丸达到很高的速度。

电磁轨道炮与常规火炮相比，有以下特点：电磁轨道炮利用电磁力所做的功作为发射能量，不会产生强大的冲击波和弥漫的烟雾，因而具有良好的隐蔽性；电磁轨道炮可根据目标的性质和距离，调节、选择适当的能量来调整弹丸的射程。

从发射能量的成本来看，常规火炮的发射产生每兆焦耳能量需 10 美元，而电磁轨道炮只需 0.1 美元。电磁轨道炮还可以省去火炮的药筒和发射装置，故其质量小、体积小、结构简单、运输以及后勤保障等方面更为安全可靠和方便。

电磁轨道炮没有圆形炮管，弹丸质量小、体积小，使其在飞行时的空气阻力很小，因而电磁轨道炮的发射稳定性好、初速度高、射程远。由于其发射过程全部由计算机控制，弹头又装有激光制导或其他制导装置，所以具有很高的射击精度。

按照发射长度和末速度的不同，目前的电磁发射技术可分为三大类：应用于电磁炮和近防炮的电磁轨道炮技术，其发射长度一般为 10 m 左右，末速度可达 2~3 km/s；应用于航母舰载机弹射的电磁弹射技术，其发射轨道长度一般不超过 100 m，末速度可达 100 m/s；应用于航天发射的电磁推射技术，其发射轨道长度在千米级别，末速度可达 8 km/s。

电磁轨道炮作为发展中的高技术兵器，其军事用途十分广泛，主要有以下 4 种。

（1）用于天基反导系统：电磁轨道炮由于初速度极高，可用于摧毁空间的低轨道卫星和导弹，还可以拦截由舰只和装甲发射的导弹。因此，在美国的"星球大战"计划中，电磁轨道炮成为一项主要研究的任务。

（2）用于防空系统：美军认为可用电磁轨道炮代替高射武器和防空导弹遂行防空任务。

（3）用于反装甲武器：美国的打靶试验证明，电磁轨道炮是对付坦克装甲的有效手段。发射质量为 50 g、速度为 3 km/s 的炮弹，可穿透 25.4 mm 厚的装甲。据报道，用一种电磁轨道炮做试验，完全可以穿透模拟的 T-72、T-80 坦克的装甲。由此可见，电磁轨道炮具有很强的穿透能力，是非常优良的反装甲武器。

（4）用于改装常规火炮：随着电磁发射技术的发展，在普通火炮的炮口加装电磁加速系统，可大大提高火炮的射程。美国利用这一技术，已将火炮射程提高到 150 km。

本节问题：

（1）电磁轨道炮的原理是什么？

（2）学习了本节内容，你可以列举一些现代武器装备所利用的物理学知识吗？

3.7　法拉第与电磁感应定律

"更立西江石壁，截断巫山云雨，高峡出平湖"，这几句诗词选自伟大领袖毛泽东同志于 1956 年在畅游长江时所作的《水调歌头·游泳》，诗词表现出一代领袖改造长江，使之造福中国人民的雄心壮志。如今，三峡水

法拉第与电磁感应
定律

电站(图3-7-1)已横跨于长江之上，成为目前全球第一大的水电工程，也是全球运营中的最大型电力发电设施。

图3-7-1　三峡水电站

3.7.1　法拉第的思想

法拉第，伟大的英国物理学家和化学家，著名的自学成才的科学家。他出身于一个贫苦铁匠家庭，仅上过小学，却创造性地提出"场"的概念，是电磁场理论的创始人之一，并于1831年首次发现了电磁感应现象，从而开创了利用磁生电现象为人类服务的先河。

1. 一贯追求科学真理，相信自然力的统一

法拉第曾说过："我早已持有一种见解，几乎达到深信不疑的程度，而且我想这也是其他许多自然科学爱好者的见解，即物质之力所表现出来的各种形式具有普遍的起源。"奥斯特提出了动电生磁，法拉第提出了变磁生电，这也是对称性思想的应用之一。电生磁和磁生电奠定了电磁学的基础，直接推动了电动机、发电机的出现。

当法拉第在演示他的电磁感应现象时，一位贵妇曾问道："您的电流计指针动一下有什么意义呢？"法拉第回答道："夫人，当一个婴孩诞生的时候，您会想到他将会完成何等事业吗？"法拉第至爱的这个"婴孩"，的确有着惊人之举。1866年西门子根据这一原理创造了发电机，从此人类开始使用电，它至今仍为我们带来光明和幸福。

2011年是法拉第诞辰220周年，也是电磁感应现象发现180周年，苏联的斯托列托夫曾经指出："铁匠的儿子法拉第，在青年时代的早期，做过装订工人的学徒，临死时是所有科学会的会员，是那时物理学家公认的领袖。"可以说，法拉第及其发现的电磁感应现象开创了一个时代。

2. 提出了力线和场的思想

法拉第从大量的实验中想象出描述电磁作用的力线，并经数学家证明了该概念的正确，为场的理论建立做出贡献。汤姆孙说："我想电场和磁场的许多性质，借助力线就可以最简单而富有暗示地表示出来。"

麦克斯韦称赞道："在数学家看到相互超距吸引力的中心的时候，法拉第则用他特有的思维的眼睛看到穿过全空间的力线。"

3.7.2　电磁感应现象

图3-7-2所示实验是将磁铁放入和拿出连接有灵敏电流计的线圈，可以观察到在磁铁

放入和拿出的过程中，灵敏电流计的指针发生了偏转，说明回路中有电流存在。固定线圈中的磁场发生变化时，感应出了电流。

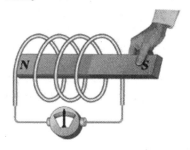

图 3-7-2　磁铁相对线圈运动

如图 3-7-3 所示，该实验将可绕轴旋转的线圈放入固定的磁场中并转动，在转动线圈的过程中，线圈所在平面与磁场之间的角度不断变化，与线圈相连接的灵敏电流计的指针发生了偏转，说明有感应电流生成。

通过这两个实验可以发现：无论是磁场变化，还是导体线圈变化，都会引起感应电流的产生，这样验证了磁可以生电。那么描述磁场的磁感应强度 B、代表线圈几何形状的面积 S 以及线圈摆放位置与磁场之间的角度 θ，这三者与所感应出来的电动势 E 之间有什么关系呢？

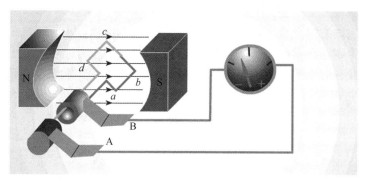

图 3-7-3　处于恒定磁场中的矩形线圈转动

3.7.3　电磁感应定律

经过大量的实验验证，法拉第总结出：当穿过闭合回路所围面积的磁通量 Φ 发生变化时，回路中会产生感应电动势 E，且感应电动势正比于磁通量对时间的变化率，负号表示产生的电动势方向与磁通的变化方向相反，即电磁感应定律。其数学表达式可以描述为

$$E = -\frac{\mathrm{d}\Phi}{\mathrm{d}t} \tag{3-7-1}$$

根据法拉第电磁感应定律，可以计算出电动势的大小。

3.7.4　楞次定律

俄国物理学家楞次开展了相关课题的研究，提出了楞次定律。楞次定律主要用于判断感应电流的方向。

楼次利用一块条形磁铁和一个带有检流计的导体环来研究感应电流的方向，他发现：当磁铁靠近导体环时，穿过导体环的磁通量增加，只有与外磁场方向相反的磁场才能阻碍磁通量的增加；当磁铁远离导体环时，穿过导体环的磁通量较小，只有与外磁场方向相反的磁场才能阻碍磁通量的减小。

楼次定律告诉我们，感应出的电流也会产生磁场，所产生的磁场总是阻碍原磁场的变化。值得注意的是：这里的阻碍不等于阻止，只是说磁通量增加时，感应电流产生的磁场阻碍磁通量增加；磁通量减小时，感应电流产生的磁场阻碍磁通量减小。楼次定律是能量守恒定律在电磁感应现象中的体现。

3.7.5 电磁感应定律的应用

电磁感应定律在生活中的应用非常广泛，下面介绍其中 6 种应用。

1. 发电机

法拉第发明的发电机可以将机械能转化为电能。发电机由安装在强磁场中的多匝线圈构成，线圈绕在铁芯上，以增强磁感应强度，这种绕有线圈的铁芯称为转子。发电机的转子可在磁场中自由转动。随着转子的转动，线圈不断切割磁力线，从而产生感应电动势。发电机产生的感应电动势通常称为电压，其值与磁场中转动着的导线的长度有关。增加转子线圈的匝数也就增加了导线的长度，从而使感应电动势增大。当发电机接入闭合电路时，就会产生感应电流。

用电磁感应定律的知识来解释三峡水电站发电的基本原理：水的落差在重力作用下形成动能，从河流或水库等高位水源处向低位处引水，利用水的压力或者流速冲击水轮机，使之旋转，水轮机所载有的线圈在磁场中旋转，如图 3-7-4 所示，线圈中的磁通量发生变化，从而在线圈中产生了感应电流。这是将水能转化为机械能，再转化为电能的典型应用。

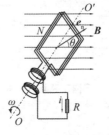

图 3-7-4 水力发电装置原理图

2. 电磁炉

1957 年德国人发明第一台电磁炉。经欧美国家的改进，现在的电磁炉具有时间报警、自动断电等功能。电磁炉作为一种新型灶具，打破了传统的明火烹调方式。

电磁炉内有一金属线圈，当电流通过线圈时产生磁场，该磁场又会引起电磁炉上面的铁质锅底内产生感应电流（即涡流），涡流使锅体铁分子进行高速无规则热运动，分子碰撞摩擦而产生热能，从而使锅体与食物温度迅速升高。因此，电磁炉煮食的热量来自锅具本身而不是电磁炉本身发热传给锅具，它是区别于靠热传导或微波来加热食物的新厨具。

3. 变压器

变压器是利用电磁感应原理，从一个电路向另一个电路传递电能或传输信号的一种电器。图 3-7-5 所示是变压器电路，变压器是变换交流电压、电流和阻抗的器件，当初级线圈中通有交流电流时，可使次级线圈中感应出交流电流。变压器由铁芯和线圈组成，线圈有两个或两个以上的绕组，其中接电源的绕组叫初级线圈，其余的绕组叫次级线圈。在发电机中，线圈运动通过磁场或磁场运动通过固定线圈，均能在线圈中感应出电动势，此两种情况，磁通量的值均不变，但与线圈相交链的磁通量却有变化，这是互感的原理。因为变压器改变电压时损失的能量相对较小，所以得到广泛应用。在实际生活中，许多器件，如游戏机、打印机、音响等，都需要用到变压器。对不同类型的变压器有相应的技术要求，可用相应的技术参数表示。例如，电源变压器的主要技术参数有：额定功率、额定电压和电压比、额定频率、工作温度等级、温升、电压调整率、绝缘性能和防潮性能等；一般低频变压器的主要技术参数有：变压比、频率特性、非线性失真、磁屏蔽和静电屏蔽、效率等。

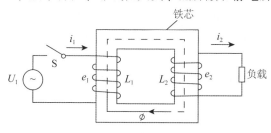

图 3-7-5 变压器电路

4. 麦克风

动圈麦克风的结构与扬声器类似，有一片和线圈连在一起的薄膜，该线圈可在磁场中自由移动。人声通过空气使薄膜振动，致使线圈在磁场中运动，从而在线圈的两端产生感应电动势，形成微弱的电流。感应电动势随声波频率的变化而变化。通过这种方式，声波被转换成了电信号。这样产生的电压很低，一般只有 10^{-3} V，但可用电子器件将它放大。

5. 信用卡读卡器

信用卡的发明及广泛使用堪称全球经济领域的一场革命，它使货币的流通更为快捷和方便。信用卡读卡器从信用卡背面的磁条中获得数据，这是电子货币流通过程中重要的环节之一。永磁铁与涂有氧化涂层的塑料卡片接触，在其上留下了磁化区。磁铁在磁条上产生了一个个连续的极性相反的磁化区。这些磁化区代表了二进制数 1 和 0，用以储存信用卡持有者的姓名及卡号等编码信息。信用卡读卡器有一个检测头，它是一个带有缝隙、绕有线圈的小型铁环。刷卡时，磁条拉过检测头的缝隙，在线圈中产生变化的电压。磁条上的二进制码转化为电压波形。这个波形输入计算机后，就会被传送至银行的复核中心。

6. 电磁感应灯

电磁感应灯没有电极，依靠电磁感应和气体放电的基本原理而发光。因为没有灯丝和电极，故其寿命长达 100 000 h，是白炽灯的 100 倍，高压气体放电灯的 5～15 倍，紧凑荧光灯的 5～10 倍。

电磁感应灯的核心组件包括一对铁芯，它们套在灯管外，用于在灯管内形成感应电流。当电子镇流器产生交流电流时，会在放电区产生交变磁场，导致灯管内的气体放电。气体放电产生的等离子体会与电路的磁力线耦合，形成感应电流。在灯管内，气体放电产生的等离子体会辐射出紫外线，这些紫外线通过灯管内壁的三基色荧光粉转换成可见光，从而实现照明。

电磁感应灯是照明行业中电光源技术的新发明，其优点是显而易见的。与传统的光源相比，电磁感应灯的使用寿命长，同时免维护费用，且具有高质量的光源，显色性指数高于80，色温宽(2 700~6 500 K)。高显色性使物体本身的颜色既明亮又逼真。电磁感应灯还具有更可靠的瞬间启动性能，和更可靠的抵抗电压剧烈波动的能力，在额定工作电压数值的±20 V范围内，镇流器可以正常工作，光通量输出功率消耗和照明效果(包括色温、显色性等技术指标)受波动电压的影响损失只有2%左右。

同时，电磁感应灯的暖白光比黄色的钠灯更合适应用于道路照明。因为暖白光接近于太阳光的表现效果，所以能给路人以温暖的心理感受，同时有着更好的可视性，人们易于在暖白光下辨别道路和周边环境颜色的特点，保证道路行驶的安全性和舒适性。

与黄光相比，暖白光的核心优势还在于它的照明效率更高，耗电量更少。同样的路灯，暖白光要比黄光至少少用10%的电能，减少40%的二氧化碳排放量。所以，它也符合环保照明和绿色照明的要求，在能源危机和温室效应日趋严重的现在，暖白光有着推广普及的巨大潜力。暖白光这一先进的理念已经在美国、英国、比利时、挪威等国得到了广泛应用。

电磁感应现象是电磁学中重大的发现之一，它揭示了电、磁现象之间的相互联系，对麦克斯韦电磁场理论的建立具有重大意义。法拉第电磁感应定律的重要意义在于：一方面，依据电磁感应的原理，人们制造出了发电机，电能的大规模生产和远距离输送成为可能；另一方面，电磁感应现象在电工技术、电子技术以及电磁测量等方面都有广泛的应用，人类社会从此迈进了电气化时代。

本节问题：

(1)如何判断感应电动势的方向？

(2)请大家思考，在生活中还能发现哪些电磁感应定律的应用呢？

3.8 麦克斯韦与电磁波

麦克斯韦与电磁波

在古代神话故事中经常会看到具有千里眼和顺风耳能力的神仙，这也寄托了当时的人们对于远距离传送信息的美好愿望。其实，宇宙中充满了电磁波，随着物理学的发展，人们利用电磁波传送声音和图像信号，已经使古代神话中的"千里眼""顺风耳"变为现实，并且人类的视野已远远超过了"千里"。电磁波让"天涯若比邻"成为现实，使得我们的生活更加精彩。

爱因斯坦曾经说过："场的概念逐步地在艰难中建立起来，并保持为最基本的物理概念之一。电磁场对现代物理学家而言，就同他坐着的椅子一样真实。"

3.8.1 麦克斯韦与电磁波概述

麦克斯韦于1865年预言了电磁波的存在，认为电磁波只可能是横波，并推导出电磁波的传播速度等于光速，同时得出结论：光是电磁波的一种形式。这揭示了光现象和电磁现象之间的联系。在科学史上，牛顿把天上和地上的运动规律统一起来，实现了第一次大综合，麦克斯韦把电、光统一起来，实现了第二次大综合，因此麦克斯韦与牛顿齐名。

在麦克斯韦以前，解释电磁相互作用有以下两种相互对立的观点。

(1)超距作用学说：在研究两个电荷之间的相互作用力时，忽略中介空间的作用，电荷会超越空间距离而相互作用，库仑、韦伯、安培等人都是主张用超距作用学说来解释电磁相互作用的。这种学说在当时拥有数学基础。

(2)媒递作用学说：认为空间有一种能传递电力的媒质(称作以太)存在，电荷间通过媒质相互作用。法拉第通过实验揭露了空间媒质的重要作用，他认为在空间媒质中充满了电力线，即通过场来传递，但媒递作用学说还没有数学基础，不易被人接受，其发展受到了阻碍。麦克斯韦的功绩就在于建立了电磁场理论并促进了它的发展。

麦克斯韦年轻时曾读过法拉第的《电学实验研究》，对法拉第的物理思想(如电力线和场的思想)十分推崇，同时发现了它的缺点。在法拉第的物理思想影响下，他决心为法拉第的场概念提供数学方法的基础。

麦克斯韦创立电磁场理论可分为以下3个阶段。

1. 统一已知电磁学定律

麦克斯韦于1856年发表了他的第一篇著名论文《论法拉第力线》，在这篇论文中，他试图用数学语言精确地表述法拉第的力线概念，他采用数学推论与物理类比相结合的方法，以假想流体的力学模型去模拟电磁现象。他说："借助于这种类比，我试图以一种方便的和易于处理的形式为研究电现象提供必要的数学观念。"他的目标是据此统一已知的电磁学定律。麦克斯韦为实现该目标，运用了"建立力学模型—引出基本公式—进行数学引申推导"的解决科学问题的思路和方法。

1)建立力学模型

麦克斯韦把电磁现象和力学现象进行类比，认为可以建立一种不可压缩流体的力学模型来模拟电磁现象。这种流体模型的主要特点如下：一是没有惯性，因而也就没有质量；二是不可压缩；三是可以从无产生，又可消失。显然这是一种假设理想流体。麦克斯韦在文章中写道"我企图把一个在空间画力线的清楚概念摆在一个几何学家的面前，并利用一个流体的流线的概念，说明如何画出这些流线来""力线的切线方向就是电场力的方向，力线的密度表示电场力的大小"。他企图阐明电力线与电力线所在空间之间的几何关系。他还试图通过类比凭借已知的力学公式推导出电磁学公式，寻求这两种不同的现象在数学形式上的类似。

2)引出基本公式

早在1842年，开尔文就把拉普拉斯的势函数的二阶微分方程普遍用于热、电和磁的运动，建立了这3种相似现象的数学联系。1847年，他又在不可压缩流体的流线连续性基础上，论述了电磁现象和流体力学现象的共同性。麦克斯韦正是吸收了开尔文的这种类比方法，把它发展成为研究各种力线的重要工具。

3)进行数学引申推导

根据电场的泊松公式可直接写出恒定电磁场的两个基本方程：高斯定理、安培环路定理。对于瞬变电场，麦克斯韦类比了力学中的惯性力公式，结合电场的泊松公式，可得运动电荷产生磁场的公式。

2. 提出位移电流概念

麦克斯韦在完成了统一已知电磁学定律的第一阶段工作后，又投入第二阶段工作中。他于1862年发表了具有决定意义的论文《论物理力线》。麦克斯韦在这篇著作中，突破了法拉第的电磁观念，创造性地提出了自己理论的核心部分——位移电流的概念。在这一工作中，他一方面结合数学推论以逻辑手段揭示了旧电磁场理论的内在矛盾，另一方面则构造了一个与以前的流体力学模型不同的、新的电磁以太模型。

麦克斯韦按照电磁学和动力学的类比关系发现，交流电流通过含有电容器的电路时，按照原有的认识，由于电荷不能在电容器极板之间移动，传导电流将中断，这同实际电流的连续性发生矛盾。而且如果电流仅限于导体，电磁场也就失去了意义。为了解决这些矛盾，他依据电磁学与动力学的类比关系和电磁现象的对称性，认为在交流电路中，电容器一个极板上变化的电场会产生感生磁场，变化的磁场又会在电容器的另一个极板上产生感生电场，产生交流电流，故变化电场的作用就相当于传送电流，但它不是电荷的传导，而是电荷的位移。这样麦克斯韦就在无导体存在的磁场中引入了"位移电流"的概念。这样位移电流和传导电流叠加起来在电容电路中的总流线是闭合的。位移电流概念，是麦克斯韦理论的关键点，也是他的重大发现，即发现了电场变化激发磁场变化的现象。而法拉第的电磁感应定律说明磁场变化激发电场的现象。这样，一个变化的电场和磁场以对称的形式联系起来，是法拉第电生磁、磁生电思想的精确化和完善化。

为了在电磁场中形象地勾勒出位移电流的形状，必须给它塑造一个模型。麦克斯韦说："电解质被电流带动在固定方向上迁移和偏振光受到磁力作用在固定方向上旋转，就是曾经启发我把磁考虑为一种旋转现象而把电流当作平移现象的事实。"麦克斯韦根据这两个基本条件假设电磁场介质中充满着涡旋分子（在真空中则是涡旋以太），在这些涡旋分子之间夹着许多小的电粒子。涡旋轴代表磁力线的方向。在两个同向旋转的分子中间的电粒子起着惰性轮的作用，这些电粒子只会转动而不会发生平移；在旋转方向不同的两个分子间的电粒子不发生转动而发生平动，从而形成电流。

3. 揭示电磁场动力学本质

1864年，麦克斯韦又发表了第三篇著名的论文《电磁场的动力学理论》。在这篇论文中，麦克斯韦舍弃了他原来提出的力学模型而完全转向场论的观点，并明确论述了光现象和电磁现象的统一性，奠定了光的电磁场理论的基础。

麦克斯韦首先谈到由于电磁相互作用不仅与距离有关，而且依赖于相对速度，所以不应以超距作用为出发点。他仍然假设产生电磁现象的作用力是同样在空间媒质中和在电磁物质中进行的，在真空中有以太媒质存在，这种以太媒质弥漫整个空间，渗透物体内部，具有能量密度，并能够以有限速度传播电磁作用。麦克斯韦借助于以太媒质这种力学图像来描述真空场的概念，把以太媒质作为介电常量 $\varepsilon = 1$（真空场）的"电介质"。当电介质极化时，在分子范围内发生微观电荷移动的现象，这种微观电荷移动产生一种瞬息电流。他假设在真空中，由于以太媒质的存在，电场变化时同样有位移电流出现。位移电流和传导电流一样，也按照毕奥-萨伐尔定律的规律产生磁场。位移电流和传导电流叠加起来的总电流（即全电流）线是闭合的。在真空位移电流概念的基础上，麦克斯韦建立了由20个分量方程组成的电磁场方程组。麦克斯韦还采用拉格朗日与哈密顿的数学方法，推导出电磁场的波动方程。方程表明，电场和磁场以波动形式传播，二者相互垂直并都垂直于传播方向。若在空间某一区域中的电场发生了变化，在它邻近的区域就会产生变化的磁场；这个变化的磁场又会在较远的区域产生变化的电场，变化的电场与变化的磁场不断相互产生，就会以波的形式在空间散开，即以波的形式传播，称为电磁波。电场与磁场具有不可分割的联系，是一个整体，即电磁场。在麦克斯韦推出的方程中，他引入了一个电磁场能量方程，他指出，在超距作用理论中，能量只能存在于带电体、电路和磁体中，而根据新的理论，能量则存在于电磁场和这些物体中。这样，能量就存在于整个电磁场空间，从而深刻地揭示了电磁场的物质实在性。它同时说明了电磁波就是能量的传播过程。从平面电磁波的定量研究中，麦克斯韦证明了决定电磁波传播速度的"弹性模量"与电介质的性质相联系，"介质密度"与磁介质的性质相联系，从而求出了电磁波的传播速度公式，得到了与《论物理力线》中相同的结论，即真空中电磁波的速度恰好等于光速，这使麦克斯韦得出了"光是一种按照电磁定律在场内传播的电磁扰动"的结论。

1868 年，麦克斯韦发表了一篇论文《关于光的电磁场理论》，明确地创立了光的电磁学说。他说："光也是电磁波的一种，光是一种能看得见的电磁波。"这样，麦克斯韦就把原来相互独立的电、磁和光都统一起来了，这是 19 世纪物理学上实现的一次重大理论综合。在《论电和磁》中，麦克斯韦对电磁场理论做了全面系统和严密的论述，并从数学上证明了方程组解的唯一性，从而表明这个方程组是能够精确地反映电磁场的客观运动规律的完整理论。这样，经过几代人的努力，电磁场理论的宏伟大厦终于建立起来了，从而实现了物理学史上的第二次理论大综合。

在麦克斯韦之前，电磁学领域已经有非常多的实验定律，但要从中选出最根本、最核心的几个，然后建立一个完善的模型统一电磁场理论，这原本就是极为困难的事情，更不用说麦克斯韦在没有实验证据的情况下，凭借自己天才的数学能力和物理直觉直接修改了安培环路定理，并修正了几个定律之间的矛盾，然后还从中发现了电磁波。以麦克斯韦方程组为核心的电磁场理论，是经典物理学引以为傲的成就之一。无数科学家对此投入大量的时间与精力，才得到了如今的成就。这种勇往直前、不辞辛劳的探索和研究精神值得我们学习。

3.8.2　麦克斯韦方程组

麦克斯韦方程组的积分形式如下：

$$\oint_{s} \boldsymbol{D} \cdot \mathrm{d}\boldsymbol{S} = q_0 \tag{3-8-1}$$

$$\oint_{s} \boldsymbol{B} \cdot \mathrm{d}\boldsymbol{S} = 0 \tag{3-8-2}$$

$$\oint_{l} \boldsymbol{E} \cdot \mathrm{d}\boldsymbol{l} = -\iint_{s} \frac{\partial \boldsymbol{B}}{\partial t} \cdot \mathrm{d}\boldsymbol{S} \tag{3-8-3}$$

$$\oint_{l} \boldsymbol{H} \cdot \mathrm{d}\boldsymbol{l} = I_0 + \iint_{s} \frac{\partial \boldsymbol{D}}{\partial t} \cdot \mathrm{d}\boldsymbol{S} \tag{3-8-4}$$

式中，$\boldsymbol{D}$ 表示电位移；$\boldsymbol{B}$ 表示磁感应强度；$\boldsymbol{H}$ 表示磁场强度；$\boldsymbol{E}$ 表示电场强度；q_0 表示自由电荷；I_0 表示传导电流。

麦克斯韦方程应用的定律如下。

（1）高斯定理：描述电场与空间中电荷分布的关系。电力线开始于正电荷，终止于负电荷（或无穷远处）。计算穿过某给定闭合曲面的电力线数量，即其电通量，可以得知包含在该闭合曲面内的总电荷。更详细地说，该定理描述穿过任意闭合曲面的电通量与该闭合曲面内的电荷之间的关系。

（2）磁场高斯定理：该定理表明，磁单极子实际上并不存在。所以，没有孤立磁荷，磁力线没有初始点，也没有终止点。磁力线会形成循环或延伸至无穷远处。换句话说，进入任何区域的磁力线，必须从该区域离开。以术语来说，通过任意闭合曲面的磁通量等于零，或者说，磁场是一个无源场。

（3）法拉第电磁感应定律：描述时变磁场怎样感应出电场。电磁感应定律是制造许多发电机的理论基础。例如，一块旋转的条形磁铁会产生时变磁场，接下来会生成电场，使得邻近的闭合电路感应出电流。

（4）麦克斯韦-安培定律：该定律阐明，磁场可以用两种方法生成，一种是靠传导电流（原本的安培定律），另一种是靠时变电场，或称位移电流（麦克斯韦修正项）。

麦克斯韦的电磁场理论的特点：物理概念创新、逻辑体系严密、数学形式简单优美、演绎方法出色、电场与磁场以及时间空间的明显对称性。

麦克斯韦的电磁场理论强调了场的概念，而且所涉及的是变化的电场和磁场所遵循的基本规律，这些规律被归结为由4个方程所组成的麦克斯韦方程组。本小节重点介绍麦克斯韦是如何对前人已发现的一些电磁场的基本规律加以总结和推广，并结合位移电流的假设来建立麦克斯韦方程组的，从中可以看出麦克斯韦的科学思想和科学方法。

麦克斯韦把以库仑定律为基础导出的反映电荷与其所产生的电场之间关系的静电场方程推广到变化的电场中也成立。

麦克斯韦把法拉第电磁感应定律进行推广，他认为如果仅用场的概念（不用电流、电动势概念）来表述，则法拉第的电磁感应定律可简述为"磁场随时间变化必定在其周围产生电场"。

已知对恒定磁场而言，由于磁力线无头无尾总是闭合的，所以对任意闭合曲面来说，穿进和穿出的磁力线是相等的，或者说通过闭合曲面的磁通量恒为0。这也反映了在自然界中不存在类似电荷那样的磁荷这一事实。麦克斯韦也将此规律推广到变化的磁场。

麦克斯韦引进位移电流概念，提出了变化电场可在周围激发磁场的假设。位移电流概念的引入是麦克斯韦对电磁场理论的重要贡献。

变化电场可在周围激发磁场的假设是极为重要的，这是产生电磁波的必要条件，也是麦克斯韦能完整、自洽地建立描写电磁场变化规律的麦克斯韦方程组的关键。麦克斯韦方程组为以后的一系列实验所证实，是完全正确的。

麦克斯韦方程组在电磁学中的地位，如同牛顿运动定律在力学中的地位一样。它所揭示出的电磁相互作用的完美统一，为物理学家树立了这样一种信念：物质的各种相互作用在更高层次上应该是统一的。这个理论被广泛地应用到技术领域。

麦克斯韦提出的电磁场理论预言了电磁波的存在，德国物理学家赫兹用实验证实了电磁波的存在，并用电磁波重复了所有光学反射、折射、衍射、干涉、偏振实验。

3.8.3 电磁振荡

大小和方向都随时间周期性变化的电流叫振荡电流。能够产生振荡电流的电路叫振荡电路。由电感线圈和电容器组成的电路，是一种简单的振荡电路，简称 LC 振荡电路，如图 3-8-1 所示。在振荡电路产生振荡电流的过程中，电容器极板上的电荷，通过线圈的电流以及跟电荷和电流相联系的电场和磁场都发生周期性变化的现象叫电磁振荡。

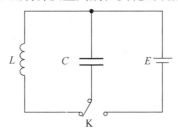

图 3-8-1 LC 振荡电路

从电磁振荡的表象上看：LC 振荡过程实际上是通过线圈对电容器充、放电的过程。从物理本质上看：LC 振荡过程实质上是磁场能和电场能之间通过充、放电的形式相互转化的过程。变化的电场和变化的磁场总是相互联系着，形成一个不可分离的统一体，称为电磁场。

3.8.4 电磁波的产生

变化的电磁场在空间以一定的速度传播就形成电磁波。电磁波的传播须具备两个条件：一是振荡频率要高，二是电路要开放。提高频率：须减小线圈的自感系数 L 和电容器的电容 C，也就是减少线圈的匝数，增加电容器两个极板间的距离。开放电路：不让场和能量集中在电容器和线圈之中，使其分散到空间中。根据这个要求对电路进行改造，整个振荡电路演变为一根导线，电路往返振荡，两端出现正负交替变化的等量异号电荷，此电路就称为振荡电偶极子。电磁波的产生电路演变示意图如图 3-8-2 所示。

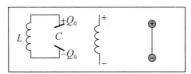

图 3-8-2 电磁波的产生电路演变示意图

以振荡电偶极子为天线可有效地在空间激发电磁波。距振荡电偶极子中心小于波长的近心区，电磁场的分布比较复杂，如图 3-8-3 所示。从一条电力线由出现到形成闭合圈并向外扩展的过程可以看出，磁力线是以振荡电偶极子为轴、疏密相间的同心圆，并与电力线相互套连。

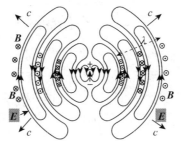

图 3-8-3 振荡电偶极子附近的电力线和磁力线

麦克斯韦于 1864 年提出的理论是如此的深刻、完美和新颖，但由于对电磁波存在的预言和光是电磁波的论断在开始时并未得到实验的证明，他的理论在问世以后相当长的时间内并不为人们完全接受。

1887 年，赫兹利用电容器充电后通过火花间隙放电会产生振荡的原理，做成振荡器，用于激励一个环状天线，证实了麦克斯韦关于电磁波存在的预言，并且证明了电磁场理论的正确性。这一重要的实验导致了后来无线电波的发明以及今天电磁波的广泛应用。

电磁波的特点如下。

(1)电磁波是物质波，传播时不需要介质，可在真空中传播。

(2)电磁波是横波，电场方向和磁场方向都与传播方向垂直。

(3)电磁波与物质相互作用时，能发生反射、吸收、折射现象。

(4)电磁波具有波的共性，能产生干涉、衍射等现象。

(5)电磁波在介质中波速减小，其波长、波速、频率之间的关系与普通波一样。

(6)电磁波向外传播的是电磁能。

3.8.5 各种各样的电磁波及其应用

电磁波是一个大家族，将其按照波长或频率依次排开后称为波谱，图 3-8-4 所示是一张电磁波谱图。第一行表示不同的电磁波能否穿透地球的大气层(Y 表示能，N 表示不能)，第二行是辐射种类及波长，第三行是波长的大小可以比拟的一些物体，第四行是频率。依照波长的长短、频率以及波源的不同，电磁波可大致分为无线电波、红外线、可见光、紫外线、X 射线和 γ 射线。

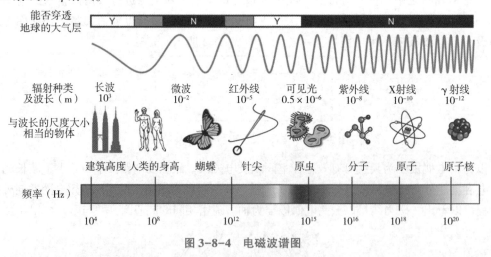

图 3-8-4　电磁波谱图

电磁波的传播不需要介质，同频率的电磁波，在不同介质中的速度不同。不同频率的电磁波，在同一种介质中传播时，频率越高折射率越大，速度越小。电磁波只有在同种均匀介质中才能沿直线传播，若同一种介质是不均匀的，则电磁波在其中的折射率是不一样的，在这样的介质中是沿曲线传播的。通过不同介质时，会发生折射、反射、绕射、散射及吸收等。电磁波包括沿地面传播的地面波、从空中传播的空中波以及天波。波长越长其衰减也越少，电磁波的波长越长也越容易绕过障碍物继续传播。机械波与电磁波都能发生折射、反射、衍射、干涉，因为所有的波都具有波粒二象性。折射、反射属于粒子性；衍射、干涉属于波动性。

电磁波频率低时，主要借由有形的导电体才能传递，原因是在低频的电磁振荡中，磁电之间的相互变化比较缓慢，其能量几乎全部返回原电路而没有能量辐射出去；电磁波频率高时，既可以在自由空间内传递，也可以束缚在有形的导电体内传递。在自由空间内传递的原因是在高频的电磁振荡中，磁电互变很快，能量不可能全部返回原振荡电路，于是电能、磁能随着电场与磁场的周期性变化以电磁波的形式向空间传播出去，不需要介质也能向外传递能量，这就是一种辐射。举例来说，太阳与地球之间的距离非常遥远，但在户外时，我们仍然能感受到和煦阳光的光与热，这与"电磁辐射借由辐射现象传递能量"的原理一样。

电磁波在人们的生活中得到了广泛的应用，如表3-8-1所示。电磁波作为信息的载体，成为当今社会发布和获取信息的主要手段，研究内容包括信息的产生、获取、交换、传输、储存、处理、再现和应用。其中雷达、北斗卫星导航系统、无线电通信等大大改变了人们的生活。

表 3-8-1　电磁波及其应用

电磁波	波长	应用
无线电波	0.3 mm~3 000 m	通信等
红外线	0.76~300 μm（近红外为 0.76~3 μm，中红外为 3~6 μm，远红外为 6~15 μm，超远红外为 15~300 μm）	遥控、热成像仪、红外制导导弹等
可见光	0.4~0.7 μm	所有生物用来观察事物的基础
紫外线	10~400 nm	医用消毒、验证假钞、测量距离、工程上的探伤等
X 射线	0.1~10 nm	CT 照相
γ 射线	0.001~0.1 nm	治疗，使原子发生跃迁从而产生新的射线等
高能射线	小于 0.001 nm	γ 射线探测器

无线电广播与电视都利用了电磁波。在无线电广播中，人们先将声音信号转变为电信号，然后将这些信号由高频振荡的电磁波带着向周围空间传播；在另一地点，人们利用接收机接收到这些电磁波后，又将其中的电信号还原成声音信号，这就是无线电广播的大致原理。在电视中，除了要像无线电广播中那样处理声音信号，还要将图像的光信号转变为电信号，然后将这两种信号一起由高频振荡的电磁波带着向周围空间传播，而电视接收机接收到这些电磁波后又将其中的电信号还原成声音信号和光信号，从而显示出电视的画面和喇叭里的声音。

根据不同的电磁波特性、不同的使用业务，对整个无线电频谱进行划分，共分为9段：甚低频、低频、中频、高频、甚高频、特高频、超高频、极高频和至高频，对应的波段名称为甚长波、长波、中波、短波、米波、分米波、厘米波、毫米波和丝米波。详细的无线电频谱和波段划分如表3-8-2所示。

表 3-8-2　无线电频谱和波段划分

段号	频段名称	频段范围（含上限不含下限）	波段名称	波长范围（含上限不含下限）
1	甚低频	3～30 kHz	甚长波	10～100 km
2	低频	30～300 kHz	长波	1～10 km
3	中频	300～3 000 kHz	中波	100～1 000 m
4	高频	3～30 MHz	短波	10～100 m
5	甚高频	30～300 MHz	米波	1～10 m
6	特高频	300～3 000 MHz	分米波	10～100 cm
7	超高频	3～30 GHz	厘米波	1～10 cm
8	极高频	30～300 GHz	毫米波	1～10 mm
9	至高频	300～3 000 GHz	丝米波	0.1～1 mm

微波是指频率为 300 MHz～300 GHz 的电磁波，是无线电波中一个有限频带的简称，即波长在 1 mm～1 m 的电磁波，是分米波、厘米波、毫米波和亚毫米波的统称。微波的基本性质通常呈现为穿透、反射、吸收 3 个特性。对于玻璃、塑料和瓷器，微波几乎是穿越而不被吸收。水和食物等就会吸收微波而使自身发热。而金属类物体则会反射微波。

以中国通信为例。人们常说"家书抵万金"，人与人之间的沟通是永恒的需求，在古代，人们通过驿站来传递消息。《驿使图》作为中国古代通信文明的重要标志，和中国人对沟通的渴望一起留存了千年。而今天，移动通信通过基站发射信号，让我们能够在瞬息之间联系到千里之外的朋友。我国实施的"村村通"工程，让孩子可以跟在外打工的父母通视频电话，可以上网看到外面的世界。对历史最好的纪念，就是创造新的历史。如今我国正迈入 5G 时代。5G 的最大特征为超低时延、毫秒级的网络速度。通过远程医疗，偏远地区的人可以享受到大城市优质的医疗资源。通过远程教育，偏远山区的孩子们可以跟大城市的孩子坐在一个课堂上。

3.8.6　电磁辐射对人体的伤害

电磁辐射危害人体的机理主要是热效应、非热效应和累积效应等。

热效应：人体内 70% 以上是水，水分子受到电磁辐射后相互摩擦，引起机体升温，从而影响到身体其他器官的正常工作。

非热效应：人体的器官和组织都存在微弱的电磁场，它们是稳定和有序的，一旦受到外界电磁波的干扰，处于平衡状态的微弱电磁场就遭到破坏，使人体正常循环机能被破坏。

累积效应：热效应和非热效应作用于人体后，人体受到的伤害尚未自我修复完成而再次受到电磁辐射，其伤害程度就会发生累积，久而久之会成为永久性病态或危及生命。对于长期受到电磁辐射的群体，即使电磁波功率很小，频率很低，也会诱发意想不到的病变，应引起警惕。

要降低电磁辐射的不良影响，就必须养成自我防范的习惯。表 3-8-3 给出了预防电磁辐射的方法，一般电器行都有贩售电磁波测试笔，可以轻易测出电磁波的强度，只要超过标准就会发出警报，使用者就应远离被测物直至警报消失为止。

要测知电气产品是否有电磁辐射，也可以采取比较简便的方式，就是利用家用、小型可接收调幅频道的收音机，打开后将频道调在没有广播的地方，并且靠近所要测量的电视、冰箱、微波炉或计算机等家电用品，就会发现收音机所传出的噪声突然变大，走出一段距离后，才会恢复原来较小的噪声，如此即可测出"安全"距离。

另外，具有防电磁辐射危害的食物有绿茶、海带、海藻、裙带菜、猪血、牛奶、甲鱼、蟹等。

表 3-8-3 预防电磁辐射的方法

预防电磁辐射的方法	原因说明
尽量远离电化制品	距离越远，受电磁波的影响越小
无法远离电化制品时要尽量缩短使用时间	时间越短，影响越小
尽量选用小型家电制品	同种家电制品，大型的不但耗电量高，电磁波也强
年轻人要特别注意	细胞分裂正值旺盛的年轻人更容易受影响
要测出安全距离	厂家的电磁波数字不准，要明确测出才好
注意后方及两侧	电视机与计算机的后方及两侧所释出的电磁波极强
插头不用的时候要拔掉	插头插着的时候，大多数的电磁波会释出
睡觉时要特别注意	睡觉时间通常很长，即使暴露于微量的电磁波中，其影响也会很大
改变非依赖电不可的心态	电化制品环绕着的生活，暴露于电磁波的机会大增

本节问题：

（1）电磁波是如何产生的？

（2）电磁波与我们的生活息息相关，生活中还有哪些应用实例呢？

3.9 电力系统基础

首先欣赏一段诗词"列缺霹雳，丘峦崩摧。洞天石扉，訇然中开"。这诗词选自唐代著名诗人李白的《梦游天姥吟留别》。电光闪闪，雷声轰鸣，就连山峰都无法承受这样的冲击，好像要崩塌似的。这展现了一个大自然放电的场景，是如此之壮观。

电力系统基础

有关"电"的发展，经历了从直流电到交流电的过渡，直流电的代表人物是爱迪生，交流电的代表人物是特斯拉，两人曾发生过激烈的争辩，也引发了人们对于直流电和交流电的思考，最后特斯拉胜出，交流电得到了大力发展，并最终形成了交流电力系统。1885 年，年轻的特斯拉离开了爱迪生的公司，开始在西屋公司的帮助下创业。而他创业的主打产品就是自己发明的交流发电机。1893 年，特斯拉的交流电一次性点燃了当时芝加哥世博会上的 90 000 万个灯泡，这一成就让世人见识到了交流电的优势，交流电的时代就要来临了。特斯拉也因此被称为交流电之父。特斯拉这样评价电："电给我疲乏衰弱的身躯注入了最宝贵的东西——生命的活力、精神的活力。"

电能已经成为我们人类社会不可或缺的重要能源，在现代文明中被视为与空气和水一样重要。相比其他形式的能源，其具有可以大规模生产和远距离输送，方便转换和易于控制，输送的损耗小、效率高，在使用时没有污染、噪声小的特点。

3.9.1　电力系统的组成

用电、发电和输变电共同组成了电力的生产和消费过程。

这里需要了解 3 个概念，分别是电力网、电力系统和动力系统。如图 3-9-1 所示，电力网由变电所和输电线路两部分组成；电力系统由发电机、变电所、输电线路和用电设备四部分组成；动力系统由原动机(锅炉、汽轮机等)和电力系统两部分组成。

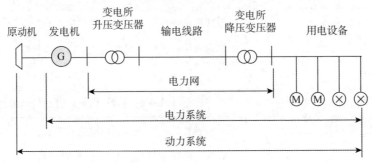

图 3-9-1　动力系统的组成

电力系统是由发电、输电、配电、用电等设备和相应的辅助系统按规定的技术和经济要求组成，将一次能源转换成电能，并输送到用户的一个统一系统。

3.9.2　发电厂

发电厂是将各种一次能源转变成电能的工厂，可分为火力发电厂、水力发电厂、核能发电厂和新能源发电厂。

1. 火力发电厂

火力发电厂简称火电厂，指用煤、石油和天然气作为燃料的发电厂。火力发电厂的装置包括冷凝塔、锅炉等。

火力发电厂的整个生产过程可分为以下 3 个系统。

(1)燃烧系统：燃料在锅炉中燃烧，将化学能转变为热能，加热锅炉中的水使之变为蒸汽。

(2)汽水系统：蒸汽进入汽轮机，使汽轮机旋转，将热能转变为机械能。

(3)电气系统：汽轮机带动发电机转动，在发电机定子绕组中感应出电动势，将机械能转变为电能。

2. 水力发电厂

水力发电厂是把水的势能和动能转变为电能的工厂，可分为坝后式水电站和河床式水电站。

坝后式水电站(图 3-9-2)是将厂房建在坝后，全部水头的压力由坝体承受，水库的水由压力水管引入厂房，推动水轮发电机组发电，如三峡水电站，其厂房采用全封闭式结构。

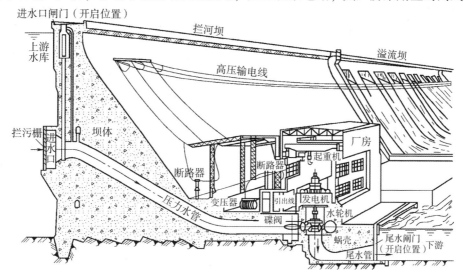

图 3-9-2　坝后式水电站

河床式水电站(图 3-9-3)的厂房代替一部分坝体，厂房也起挡水作用，直接承受上游水的压力。由于厂房修建在河床中，故称河床式，如葛洲坝水电站。

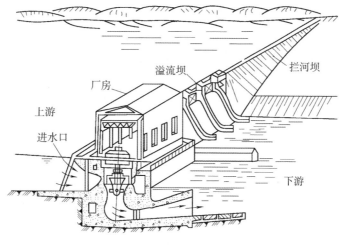

图 3-9-3　河床式水电站

3. 核能发电厂

核能发电厂是将原子核的裂变能转变为热能，用以产生供汽轮机用的蒸汽，汽轮机再带动发电机，产生商用电。

4. 新能源发电厂

新能源发电厂包括风力发电厂、太阳能发电厂、潮汐发电厂、地热发电厂、生物质能发电厂及垃圾电站等。

随着经济发展和人口增加，我国能源短缺、气候变化、环境污染等的问题日益突出，建设低碳城市的压力也日趋增大。

研究表明，电能的经济效率是石油的 3.2 倍、煤炭的 17.3 倍，即 1 t 标准煤当量电力创造的经济价值与 3.2 t 标准煤当量的石油、17.3 t 标准煤当量的煤炭创造的经济价值相同。电能相对于煤炭、石油、天然气等能源具有更加便捷、安全和清洁的优势。实施电能替代战略对于我国优化能源布局、保障能源安全、促进节能减排、保护生态环境、提高人民生活质量具有重要意义。电从远方来，以电代煤，以电代油，来的是清洁电。电能替代是终端用能再电气化的重要手段，对于促进大气污染防治、推动能源革命意义重大。

3.9.3 电网的结构

我国有两大电网公司：国家电网有限公司和中国南方电网有限责任公司。

电网按照电压等级不同可分为输电网和配电网。输电网是将发电厂、变电所或变电所之间连接起来的送电网络，主要承担输送电能的任务。配电网是指从输电网或地区发电厂接收电能，通过配电设施就地分配或按电压逐级分配给各类用户的电力网。

架空线路(图 3-9-4)是输电线的重要组成部分，一般由导线、架空地线、绝缘子和铁塔等组成。

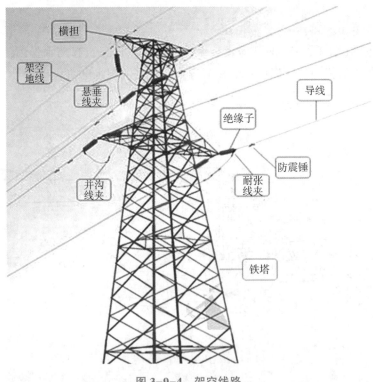

图 3-9-4　架空线路

电力系统运行的特点如下。

(1)电能的生成、传输及消费几乎同时进行。

(2)电能与国民经济各部门之间的关系密切。

(3)电力系统的暂态过程非常短暂。

(4)电能一般不能大量储存。

本节问题：

(1)电力系统由哪几部分构成？

(2)电与生活息息相关，请大家思考一下，在电力系统的工作过程中，需要用到哪些物理定理、定律？

3.10　安全用电常识

"瀑布天落，半与银河争流，腾虹奔电，潨射万壑，此宇宙之奇诡也。"李白的这句诗词揭示了大自然放电的神奇与壮观。电在我们的生活中，是看不见摸不着的，它为人类的生活带来了极大的便利，但一旦使用不当，也会对人的身体造成极大的伤害。在家庭中，用电不规范很容易导致触电。

安全用电常识

3.10.1　触电

在每年的安全生产事故统计中可以发现，触电事故造成的死亡人数占据非常大的比例，而家庭触电事故的伤亡率则更高。

人的身体能导电，大地也能导电。如果人的身体碰到带电物体，在一定电压下，电流就可能通过人体与大地构成通路，使通过人体的电流达到一定数值，即使人发生触电。即使在较低的电压下，如果通电时间较长，也会对人体产生一定的生理影响。真正的触电给人带来的伤害分为电击和电伤两种。

1. 电击

电击就是通常所说的触电，触电死亡的绝大部分是电击造成的，一般发生在低压触电时。当通过人体的电流为 $40\sim500$ mA 时，电击时间超过 0.1 s，触电者就可能发生心室纤颤，失去知觉，以致死亡。

2. 电伤

电伤是由电流的热效应、化学效应、机械效应以及电流本身造成的，一般发生在高压触电时。电弧是一种高温、易导电的游离气体，弧光温度可达到 $2\,000\sim3\,000$ ℃。当电弧烧伤或电弧熔化的金属侵袭人的皮肤时，就会对人造成伤害，严重时可能致死。

3.10.2　电流和电弧

如果把电比作一个冷酷的杀手，那么它有两个撒手锏，即电流和电弧。

影响电流对人体的伤害程度的因素有通过人体的电流的大小、时间、频率，以及电流通过人体的部位(途径)、触电者的身体状况等。

1. 电流对人体的伤害

能引起人感觉的最小电流称为感知电流，大小为 $0.7\sim1.1$ mA。人体触电后能自己摆脱的最大电流称为摆脱电流，大小为 $10.5\sim13$ mA。在较短时间内危及人生命的最小电流称为致命电流，一般为 100 mA。电对人体的危害程度，也取决于通电时间的长短。若通电时间小于 25 ms，则任何电流都不至于对人体造成伤害。

电流的频率不同，同样会对伤害程度产生影响。直流电和交流电对人体都有伤害作用，但交流电的伤害要更大些，当交流电的频率在 25~300 Hz 的范围内时，会对人体造成伤害，且极易引起心室纤颤。电流通过人体脑部和心脏时最危险，40~60 Hz 的交流电对人危害最大。以工频电流为例，1 mA 左右的电流通过人体时，人会产生麻刺等不舒服的感觉；10~30 mA 的电流通过人体时，人会产生麻痹、剧痛、痉挛、血压升高、呼吸困难等症状，但通常不会有生命危险；50 mA 以上的电流通过人体时，人就会心室纤颤而有生命危险；100 mA 以上的电流通过人体时，足以致人于死地。

通过人体的电流大小取决于外加的电压和人体自身的电阻。触电时人体电阻越大，通过人体的电流就越小，危险程度也越小。

通过人体的电流既不好测量也不好计算，为便于实际应用，将人体看作一段电阻，通过欧姆定律按照电流的上限计算出"安全电压"。我们平常所说的 36 V 安全电压是一个比较笼统的说法，事实上，根据环境的不同，人体的电阻是变化的，所以安全电压也是变化的。

2. 电弧对人的伤害

电弧是电对人的第二个撒手锏，电弧对人的伤害包括高温和强光两种，极容易造成电烧伤事故。

3.10.3 触电的原因及预防措施

日常生活中，电给我们带来许多便利。但是，如果用电不当，也可能造成严重伤害，比如触电造成人体损伤甚至死亡、电气火灾威胁生命财产安全等。因此，在用电时，必须高度重视用电安全问题，尤其是预防触电。

1. 触电的原因

人体触电可分为直接触电和间接触电。直接触电：人体直接接触或过分接近带电体而触电。间接触电：人体触及正常时不带电而发生故障时才带电的金属导体。线路架设不合规格、电气操作制度不严格、用电设备不合要求、用电不规范都可能造成人体触电。对非专业人员来说，当电路出现故障时绝不可自行解决，一定要找专业人员，在安全环境下排除故障。

总结下来，引起触电的原因主要有以下几个。

(1)缺乏电气安全知识：使用破损插头或插座；用湿抹布擦拭电器；旧家用电器超期服役；在高压线附近放风筝；爬上高压电杆掏鸟巢；低压架空线路断线后不停电，用手去拾火线；房间内乱拉插排；等等。

(2)用电设备损坏或不合规格：电线老化，电灯开关、插座、灯头损坏漏电，电动机、变压器等电气设备铁壳上不装接地线，线圈的绝缘层损坏，等等。

(3)不按照安全规程办事：安装电灯或检修电器时没有拉断开关；带电修理电动工具；带电移动电气设备；抢救触电者时，不用绝缘材料去挑开电线，用手直接拉伤员；等等。

2. 触电的预防措施

良好的绝缘是保证电气设备和线路正常运行的必要条件。例如，新装或大修后的低压设备和线路，绝缘电阻不应低于 0.5 MΩ；高压线路和设备的绝缘电阻不应低于 1 000 MΩ。凡是用金属材料制作的屏蔽装置，应妥善接地或接零。带电体与地面间、带电体与其他设备间应保持一定的安全间距。加装自动断电保护、漏电保护、过流保护、过压或欠压保护、短路保护、接零保护是预防触电威胁的有效手段。

总结下来，触电的预防措施主要有以下几个。

（1）自觉学习电气安全知识。

（2）检修用电设备，要遵守安全规程。

（3）家用电器如果出现故障，应请专业人员维修。

（4）不要购买劣质的插座、开关，并注意保护和教育好小孩子预防电击伤。

（5）不要在电线下放风筝，以免发生缠绕；不要攀爬变压器等电气设备。

3.10.4　家庭用电安全

现代家庭中不可避免地会使用一些家用电器，这些家用电器在使用过程中，需要注意用电安全问题。例如，同一时间使用大量家用电器，可能超负荷用电；电热毯叠着用；乱接电线；出门忘记检查电器安全，这些行为都可能产生危险。

1. 电气防火

几乎所有的电气故障都可能导致电气着火，如设备材料选择不当、过载、短路或漏电，照明及电热设备故障，保险丝的烧断、接触不良以及雷击、静电等，都可能引起高温、高热或者产生电弧、放电火花，从而引发火灾事故。应按场所的危险等级正确地选择、安装、使用和维护电气设备及电气线路，按规定正确采用各种保护措施。在线路设计上，应充分考虑负载容量及合理的过载能力；在用电上，应禁止过度超载及乱接乱搭电源线；对于需在监护下使用的电气设备，应"人去停用"；对于易发生火灾的场所，应注意加强防火，配置防火器材。

2. 防爆

由电引起的爆炸主要发生在含有易燃、易爆气体和粉尘的场所。在有易燃、易爆气体和粉尘的场所，应合理选用防爆电气设备，正确敷设电气线路，保持场所良好通风；应保证电气设备的正常运行，防止短路、过载；应安装自动断电保护装置，危险性大的设备应安装在危险区域外；防爆场所一定要选用防爆电机等防爆设备，使用便携式电气设备时应特别注意安全；电源应采用三相五线制与单相三线制，线路接头采用熔焊或钎焊。

总结下来，家庭安全用电须知如下。

（1）用电不能超负荷。如果负荷超过规定容量，应到供电部门申请增容；根据用电设备的容量选用与电线负荷相适应的保险丝，不能任意加粗或用铜、铁、铝丝代替保险丝；安装和更换保险丝时，应先拉闸断电，然后装上符合要求的保险丝，若保险丝频繁熔断，应请电工查明原因，排除故障。

（2）空调、热水器、烤箱等大容量用电设备应使用专用线路。

（3）注意保护家庭电力线路。不要在电源暗线埋设处乱钉钉子或用钻头打孔，以免破坏电力线路。线路接头应确保接触良好，连接可靠。不要将单相三孔插座的接地孔悬空。

（4）遇到电力线路破损时，应及时请专业人员修理。不要心存侥幸，让线路带病运行。

通过对安全用电常识的学习，我们更应该懂得如何正确使用电，如何在生活中避免因用电不当而造成的资源损失甚至人员伤害。在今后的生活中，我们不仅要自己安全用电，也要帮助其他人认识到安全用电的重要性，避免造成人身伤害。

本节问题：

（1）电流伤害人体的因素有哪些？

（2）家庭用电安全中应该注意哪些问题？

第4章 | 光 学

4.1　光学发展概述

无论古今中外，人们认识世界、感知世界，都离不开给这个世界带来绚丽色彩的精灵——光。它是浩瀚夜空的璀璨繁星，是人类文明的那一束火花，是万紫千红的花海，更是人类智慧的结晶。

光学发展概述

4.1.1　什么是光学

光学是物理学的重要分支学科，它研究的是光的行为和性质，以及光和物质的相互作用。

4.1.2　光学发展简史

光学起源于公元前 500 年前后重点发展时期是 17 世纪及以后。从牛顿的微粒说与惠更斯波动说的长期争论，到爱因斯坦提出光的波粒二象性理论，几个世纪以来，光学形成了几何光学、波动光学、量子光学和现代光学等分支。光学的发展经历了萌芽时期、几何光学时期、波动光学时期、量子光学时期以及现代光学时期。

1. 萌芽时期

早在战国时期，在墨子及其弟子所著的《墨经》中就有着光的直线传播与反射等 8 条记载。古希腊数学家欧几里得在其所著的《光学》中研究了平面镜成像与反射定律。沈括的《梦溪笔谈》总结了前人成果，记载了丰富的光学知识，并对凸面镜和凹面镜成像，以及焦点原理都有所研究。

2. 几何光学时期

萌芽时期后，就进入了几何光学时期，这一时期是光学发展史上的转折点，在此期间提出了光的反射、折射定律，以及光强、颜色等基本概念，奠定了几何光学的基础。在这一时期，望远镜、显微镜等影响重大的光学仪器被发明，波动理论在此时期也开始萌芽。这一时期有许多著名的物理学家取得相关成果。例如，费马提出了几何光学的基本原理，即费马原理(最短时间原理)；牛顿进行了白光通过棱镜的实验，建立了光的微粒说；李普塞发明了人类历史上第一台望远镜。

3. 波动光学时期

经过两个世纪的发展，波动光学体系在 19 世纪初形成。这一时期同样涌现出许多著名的科学家。惠更斯发现了光的干涉、衍射、偏振等现象；托马斯·杨进行了杨氏双缝实验，用干涉原理解释了薄膜颜色，并测定了光的波长；菲涅耳提出了波动光学的重要原理，即惠更斯—菲涅耳原理；集大成者麦克斯韦建立了光的电磁场理论。

4. 量子光学时期

19 世纪末到 20 世纪初，随着光学研究逐渐深入光的产生、光和物质相互作用的微观机制等方面，在解释光与物质相互作用的某些现象时，光的电磁场理论开始遇到困难。光的量子理论此时应运而生，完美解释了黑体辐射、光电效应等现象。这一时期的代表性科学家有普朗克（提出辐射量子论，解决黑体辐射问题）、爱因斯坦（提出光量子理论，解释光电效应）、康普顿（进行了著名的 X 射线散射实验）、德布罗意（提出了物质波的概念）等。

5. 现代光学时期

1960 年，激光器的问世标志着光学进入新的发展阶段，这个古老的学科散发了新的活力，以令人吃惊的速度发展。光学已成为现代物理学的前沿，同时催生了许多技术，如激光技术、全息技术、光纤光学技术、光谱技术等。图 4-1-1 所示为梅曼与他发明的激光器。

图 4-1-1　梅曼与他发明的激光器

激光曾被视为神秘之光，现已被人类广泛使用。近年来，科学家研究发现了一种更为奇特的激光——飞秒激光。飞秒激光器是一种脉冲激光器，其对时间的分辨率可以达到飞秒的程度。飞秒（fs）是一种时间单位，1 fs 只有 1 s 的一千万亿分之一（1 fs = 10^{-15} s）。它有多快呢？我们知道，光速是 3×10^8 m/s，而在 1 fs 内，光只能走 0.3 μm，不到一根头发丝直径的 1/100。

飞秒激光是人类目前在实验室条件下所能获得的最短脉冲的激光。飞秒激光有非常高的瞬间功率，可达百万亿瓦，比全世界的发电总功率还要高上百倍。飞秒激光目前的应用广泛，未来还将会发挥更加重要的作用。

光谱分析是人类借助光认知世界的重要方式，地球上不同的元素及其化合物都有自己独特的光谱特征，光谱因此被视为辨别物质的"指纹"。如果说通过光学成像能看到物质的形状、尺寸等信息，那么通过光谱分析则能获取物质的成分信息。利用高光谱技术，能提取古画的颜色信息，推算颜料产地，从而能在修复时精准选用颜料。利用高光谱技术，还能识别农田不同作物的品种，提取不同地层的矿物信息，识别伪装的地面目标等。普通照片与高光谱照片对比如图 4-1-2 所示。

图 4-1-2　普通照片与高光谱照片对比

全息摄影是一种记录和再现物体立体图像的照相技术，能够利用波的干涉和衍射记录并再现物体真实的三维图像。三维图像信息记录在一幅复杂而精细的干涉条纹图上，这些干涉条纹以其反差和位置的变化，记录了物光的振幅和相位的信息。经过常规的显影和定影处理之后，就得到全息图。全息图的外观和原物体的外形似乎毫无联系，但它却以光学编码的形式记录了物光的全部信息。

1901 年，诺贝尔物理学奖刚刚设立，这一年的奖项颁发给了 X 射线的发现者。此后，诺贝尔物理学奖中与光学有关的就达到了 40 多项，这些光学的研究成果对物理学的发展起到了非常重要的推动作用。光学是一门既古老又年轻的学科，在这个绚丽缤纷的光学世界中，还有着许多未知的问题等待我们去探索。

本节问题：

简述几个影响日常生活的光学技术。

4.2　从视力矫正的角度谈透镜成像

古代的不少名人都饱受近视之苦，如杜甫、白居易、刘禹锡、王安石、陆游等，他们都曾留下感叹近视的诗句。在眼镜普及之前，古人患了近视也没有矫正之法，只能多休息，少看书。唐宋八大家之一的欧阳修是高度近视眼，看书时常常需要人读给他听，非常不方便。在欧阳修的众多诗文

从视力矫正谈
透镜成像

里，有一首是《朝中措·送刘仲原甫出守维扬》，其中有一句"平山阑槛倚晴空，山色有无中"，意思是高高的平山堂栏杆倚傍着晴空，由此远望，山色似有似无，若隐若现。这句诗招来好事者质疑：晴朗天气，站在平山堂上，四面风光尽收眼底，清清楚楚，绝不会隐隐约约，哪里来的"山色有无中"？那么，为什么是"山色有无中"呢？这是由于欧阳修患了近视。

由于科学和医疗条件的限制，古人对近视束手无策。到了近代，人们发现通过凸透镜或者凹透镜就可以看得更清楚，于是眼镜诞生了。下面就从视力矫正的角度来谈一谈透镜成像。

4.2.1　透镜成像原理

透镜可分为凸透镜和凹透镜，凸透镜中间厚、边缘薄，凹透镜中间薄、边缘厚。在光学中，由实际光线汇聚成的像称为实像，能用光屏承接；反之则称为虚像，只能由眼睛感知。凹透镜只能成虚像，也叫发散透镜；凸透镜则既可成实像又可成虚像，也叫汇聚透镜。它们对光线的作用如图 4-2-1 所示。

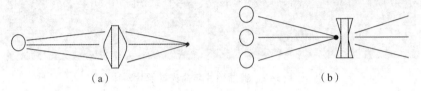

（a）　　　　　　　　　　　　（b）

图 4-2-1　凸透镜与凹透镜对光线的作用

(a)凸透镜具有聚光作用；(b)凹透镜具有散光作用

4.2.2　人眼成像原理

人眼结构如图 4-2-2 所示，它相当于一个精密的透镜成像光学仪器。人眼近似为一球形，直径约为 2.4 cm。人眼前部凸出的透明部分称为角膜，外来光束通过角膜进入瞳孔，瞳孔的作用是调节进入人眼的光的多少。瞳孔后面是晶状体，它呈凸透镜形状，作用是将光束成像在晶状体后方的视网膜上。另外，人眼结构还包括睫状体、晶状体韧带和玻璃体。

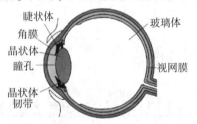

图 4-2-2　人眼结构

光线通过角膜和晶状体汇聚后，准确地投射在视网膜上，人眼才能看清物体。对于不同距离的物体，晶状体两端的睫状肌通过收缩和舒张来控制晶状体的厚度，从而实现变焦。例如，看近处物体时，晶状体变厚，近处过来的光线恰好汇聚在视网膜上，从而可以看清近处物体；看远处物体时，晶状体变薄，远处过来的光线恰好汇聚在视网膜上，从而可以看清远处物体，如图 4-2-3 所示。

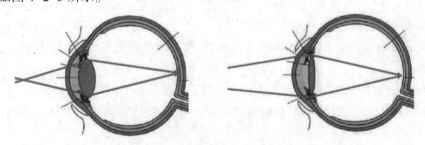

图 4-2-3　晶状体调节光线汇聚

4.2.3 视力矫正

引起近视的常见原因有两个：一是人眼长时间看近处的物体，睫状肌长时间收缩而失去舒张的能力，导致看远处的物体时，晶状体无法正常调节，使光线汇聚在视网膜前，因此无法看清楚远处的物体，但是看近处的物体则影响不大；二是眼球的前后径过长或者晶状体的曲率过大，光线就汇聚在视网膜的前方，因而看不清远处的物体。针对第二种情况，常用佩戴凹透镜将进入眼睛的光线提前发散的方式来调节，以达到看清楚远处物体的效果。

远视眼则是眼球的前后径过短或晶状体的弹性小，近处物体经眼睛所成的像落在视网膜的后方，因此看不清近处物体。远视眼要佩戴凸透镜来矫正。要想得到较好的矫正效果，必须使所戴的凸透镜(远视镜)能把明视距离处的景物成像在远视眼的近点处。近视眼与远视眼示意图如图 4-2-4 所示。

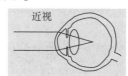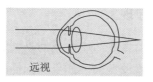

图 4-2-4　近视眼与远视眼示意图

老花眼是一种自然的生理老化现象，是无法避免的，与是否近视或远视无关。随着年龄的增大，人们从 40 岁左右开始，晶状体的弹性变差，逐渐硬化，调节力下降，当看近处的物体时，睫状肌老化无法正常收缩，晶状体达不到该有的厚度，折光性能力减弱，使光线聚焦在视网膜后方，因此看不清近处的物体，但是能看清远处的物体。一般通过佩戴凸透镜(老花镜)的方式来看清近处物体，而看远处时则需要摘掉老花镜。

如果患了近视或远视，整个世界开始变得模糊，这时我们就需要一副眼镜让世界重新变得清晰起来。眼镜的发明要追溯到 700 多年前：13 世纪中叶，英国学者培根看到许多人因视力不好，不能看清书上的文字，就想发明一种工具来帮助人们提高视力。有一天下雨后，培根到花园散步，他偶然间发现透过叶子上的水珠，可以清晰地看到叶子上的脉络。培根通过试验发现，不仅水珠，很多玻璃状物体也有放大的效果，于是最早的眼镜诞生了。后来，他又找来一块木片，挖出一个圆洞，将玻璃片装上去，再安上手柄，这样人们阅读写字就方便多了。这种镜片后来经过不断改进，成了现在人们戴的眼镜。

本节问题：

(1)如何养成良好的用眼习惯？

(2)近视眼患者就不会得老花眼了吗？

4.3　从肥皂泡现象的角度谈光的干涉

你是否还记得童年那五彩的肥皂泡(图4-3-1)，在晴朗的天气里，在明媚的日光下，伴随着欢声笑语，它的颜色由透明逐渐变得如彩虹般绚烂，那飘浮在空中的一个个泡泡，就像孩子们幻想中的快乐星球，在记忆中永不褪色。为什么肥皂泡会有缤纷的颜色呢？这涉及光的干涉。

从肥皂泡现象谈
光的干涉

图 4-3-1 肥皂泡

4.3.1 波的干涉现象

什么是干涉呢？在日常生活中，我们见到过水波的干涉现象：在平静的水塘中丢下一块石头，水面就会激起一圈圈涟漪。如果从同样的高度同时丢下两块大小相同的石头，它们激起的水波相遇时，波动情况就大不一样，在两列水波相遇的区域，水面起伏更剧烈。水面好像是一幅美丽的图案，由中心向外，不仅有高低相间的同心圆，还有呈辐射状的条纹。物理学上把两列水波相遇后叠加的情况叫作水波的干涉（图 4-3-2）。要产生干涉现象，两列波不仅要振动频率相同，还要满足振动方向相同、相位差恒定等条件。这些条件就叫作相干条件。

图 4-3-2 水波的干涉

水波是机械波，而光是电磁波，光同样可以产生干涉现象。要产生干涉现象，需要满足相干条件。那么在日常生活中的普通光源是否满足相干条件，从而产生干涉现象呢？

光虽然可以产生干涉现象，但是当我们用两盏电灯同时照射时，却观察不到干涉图样，这是因为通常的独立光源是不相干的。为何通常的独立光源是不相干的呢？这涉及对光源发光机制的探讨。光是由物质的原子（或分子）发生辐射引起的，对普通光源来说，原子（或分子）辐射是由许多相互独立、互不相干的波列组成的。这些波列在空间相遇，不满足相干条件，不能形成相干光。生活中有许多普通光源，它们照亮了我们的世界，如烛光、白炽灯、太阳等。

那么，如何获得相干光呢？为了观察到稳定的光的干涉现象，我们可以通过波阵面分割法来获得相干光。在这种情况下，波面的各个不同部分作为发射次波的光源，这些次波交叠在一起产生干涉。杨氏双缝干涉就属于波阵面分割法。另外，还有一种振幅分割法也可以获得相干光：次波被分成两部分，各自走过不同的光程后重新叠加并产生干涉。薄膜干涉、牛顿环等就属于振幅分割法。

4.3.2　常见的干涉现象

1801 年，英国物理学家托马斯·杨（图 4-3-3）提出并实现了杨氏双缝干涉实验。托马斯·杨利用惠更斯提出的次波假设解释了这个实验，他认为波面上的任一点都可看作新的振源，由此发出次波，光的向前传播就是所有这些次波叠加的结果。在杨氏双缝干涉实验中，当两道或者几道光线相遇叠加时，会导致一部分光线加强，另一部分光线减弱，从而形成分布稳定的相间条纹，这就是光的干涉。光的干涉证明了光具有波动性。

图 4-3-3　托马斯·杨（1773—1829）

薄膜干涉是另一种更常见的干涉现象。将金属丝框在肥皂液中蘸一下，使金属丝框上布满一层肥皂液薄膜，将肥皂液薄膜竖立，由于重力作用，出现了上薄下厚的情形。当一束单色光照射到薄膜上时，从薄膜的前后两个表面反射出来的两束光满足光的相干条件，相互叠加，产生干涉现象。阳光是由红、橙、黄、绿、蓝、靛、紫 7 种单色光组成的，每种颜色的光具有一定的波长。在肥皂液薄膜一定厚度的地方，红光相互叠加得到加强，该处就呈现红色；在另一处厚度不同的地方，绿光相互叠加得到加强，就呈现绿色。不同颜色的光在肥皂液薄膜不同厚度的地方产生干涉现象，于是就出现了彩色条纹。肥皂液薄膜的厚度变化时，各处呈现的颜色也随之变化。

另外，当我们在阳光下洗衣服时，盆里的肥皂泡上也会出现各种彩色花纹，花纹的形状和颜色不断地变化。炎热的夏天，雨过天晴，柏油路的积水面上常常浮着一层五颜六色的油膜。这些利用光源在薄膜上、下表面反射后相互叠加所产生的干涉现象，统称为薄膜干涉。薄膜干涉是采用振幅分割法获得相干光的。

薄膜干涉经常用在光学系统上，如镜片的增透膜和增反膜。增透膜是利用薄膜干涉原理，使某种单色光完全不发生反射而全部透射，可以提高光学器件的透光率，如各种光学镜头[图 4-3-4(a)]。增反膜也是利用薄膜干涉原理，使某种单色光完全不发生透射而全部反射，如雪地眼镜[图 4-3-4(b)]和宇航服头盔[图 4-3-4(c)]上涂有一层增反膜，能够最大限度减小紫外线对眼睛的伤害。

（a）

（b）

（c）

图 4-3-4　薄膜干涉的应用

（a）光学镜头；（b）雪地眼镜；（c）宇航服头盔

劈尖干涉是平行光束入射到厚度不均匀的薄膜上产生的等厚干涉现象，常用来检测平面的平整度。

牛顿环是牛顿在 1675 年首次观察到的一种干涉现象：将曲率半径较大的平面凸透镜放置在玻璃板上，用单色光照射透镜和玻璃板，可以观察到一些同心的光环和暗环。环分布中间稀疏，边缘密集，中心在接触点。利用牛顿环，可以精确地检验光学元件表面的质量，当凸透镜和玻璃板间的压力改变时，其间空气层的厚度发生微小改变，条纹也随之移动，由此可以确定压力或长度的微小改变。

光的干涉现象是光学中最重要的发现之一，无可辩驳地证实了光的波动性。

本节问题：

窗玻璃有两个表面，为什么我们从来未看到在其上有干涉图样？你能否估计一下当薄膜厚到什么程度时，用眼睛将看不到干涉图样？

4.4　光的衍射

在生活中，我们经常会遇到声音从障碍物后传播过来的情况，正所谓"我闻其声，不见其人"。用物理学来解释，这就是声波的衍射现象。我们知道，光也是一种电磁波，那么对光来说，它有没有衍射现象呢？答案是肯定的，下面介绍光的衍射。

不常见的光波
衍射现象

4.4.1　光的衍射与衍射条件

通常我们见到的光是沿直线传播的，所以人们习惯称它为光线。但是当一束光通过一个狭缝（或小孔、圆屏）到达屏幕上时，能产生明暗相间的条纹。实际上，光经过任何物体的边缘时，在不同程度上都会出现类似的情况，如果把一条金属细线放在屏的前方，在细线阴影的中央应该是最暗的地方，而实际观察到的却是亮的，这种光绕过障碍物偏离直线传播而进入几何阴影，并在屏幕上出现光强分布不均匀的现象，称为光的衍射。

光的不同衍射图像如图 4-4-1 所示。在生活中，声波衍射很常见，而光的衍射却不常见。这是因为光的波长很小，与我们周围的物体相比，物体的尺寸远大于光的波长，所以人们的直观感觉是光沿直线传播。只有遇到尺度很小的障碍物时，光的衍射才会明显地表现出来。

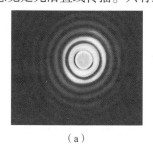 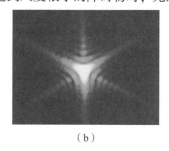 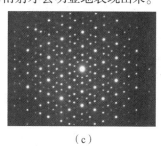

（a） （b） （c）

图 4-4-1 光的不同衍射图像

（a）圆孔衍射；（b）三角孔衍射；（c）晶格衍射

如果我们细心些，同样也能发现一些光的衍射现象，如剃须刀片衍射，我们看剃须刀片锋利的边缘会出现模糊，这就是一种衍射现象。同样，我们可以透过手指缝观察光源，也会看到光的衍射现象。

4.4.2 惠更斯-菲涅耳原理

在研究波的传播时，总可以找到同相位各点的位置，这些点的轨迹是一个等相面，称为波面，惠更斯曾提出次波的假设来阐述波的传播现象，他还提出了惠更斯原理：在任何时刻，波面上的每一点都可作为次波的波源，各自发出球面次波，此后在任何时刻，所有这些次波波面的包络面形成整个波在该时刻的新波面。为了更精确地解释衍射现象，菲涅耳根据惠更斯的次波假设提出了次波相干叠加原理：从同一波面上各点发出的次波是相干波，在传播到空间某一点时，各次波相干叠加的结果决定了该处的波振幅。将惠更斯原理和次波相干叠加原理结合在一起，就是惠更斯-菲涅耳原理。

4.4.3 单缝衍射

图 4-4-2 所示是单缝衍射实验接收屏上的衍射图样，其特点是在中央有一条特别明亮的亮条纹，两侧排列着一些光强较小的亮条纹，相邻的亮条纹之间有一条暗条纹。如以相邻暗条纹之间的间隔作为亮条纹的宽度，则两侧的亮条纹是等宽的，而中央的亮条纹的宽度为其他亮条纹的两倍。

图 4-4-2 单缝衍射图样

4.4.4 干涉与衍射的区别

干涉与衍射都产生明暗相间的条纹，那么它们有什么区别呢？这主要体现在以下 3 点。

（1）干涉是两束光或有限束光的相干叠加，而衍射是从同一波阵面上各点发出的无数个子波(球面波)的相干叠加，从这个意义上看，衍射本质上也是干涉。

(2)在纯干涉的情况下，不同级次的光强是一样的；而衍射条纹不同级次的光强是不同的，级次越高，光强越大。

(3)双缝干涉条纹是等间距的，而单缝衍射条纹的中央亮条纹宽度是其他各级条纹宽度的两倍。

如果将衍射中的单缝换成圆孔，衍射图样就成了一系列明暗相间的同心圆环，中央焦点处是一个亮斑，其中以第一暗环为界限的中央亮斑称作艾里斑，其光强约占总光强的84%。艾里斑是以英国皇家天文学家乔治·比德尔·艾里的名字命名的，因为他在1835年的论文中第一次给出了这个现象的理论解释。

我们可以把透镜看成小孔，根据几何光学理论，物体上任意一点经过透镜所成的像也是一个点，但是实际上由光的衍射可知，物体上任意一点所成的像为一个有一定直径的艾里斑。我们自然会想到，如果物体上有两个靠得很近的点，它们所成像的艾里斑是否有可能部分重合？答案是肯定的。那么，两个艾里斑重合到什么程度就不能区分为两个点了呢？这就涉及光学系统的分辨率问题。如何确定分辨率呢？这就用到了瑞利判据：当一个艾里斑的中心与另一个艾里斑的第一级暗环重合时，刚好能分辨出是两个像。在满足瑞利判据的情况下，两个物点对透镜中心所形成的角度 θ_0 叫作仪器的最小分辨角，仪器的分辨率就是最小分辨角的倒数。通过公式 $\theta_0 = \dfrac{1.22\lambda}{D}$ 可以推出，要提高仪器的分辨率有两个途径：一是增大通光孔径 D，二是减小光的波长 λ。

图4-4-3所示分别为艾里斑可以分辨、恰能分辨、不能分辨的3种情况。

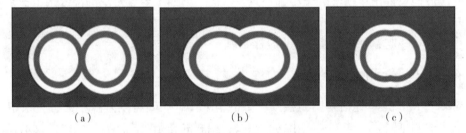

（a）　　　　　　　　　（b）　　　　　　　　　（c）

图4-4-3　艾里斑的3种情况

（a）可以分辨；（b）恰能分辨；（c）不能分辨

衍射极限在我们的生活中有着重要的指导意义。例如，望远镜若想看得更远、更清楚，需要增大通光孔径。显微镜的物镜不变，可以通过减小光的波长来增大分辨率。

本节问题：

纵波有衍射现象吗？

4.5　光的偏振与立体电影

"丽江雪山天下绝，积玉堆琼几千叠"。这如画般的美景确实值得歌颂，不过若是诗人通过一副偏光镜重新欣赏雪山，想必会写出更美的诗篇。滤除偏振光前后的雪山图像对比如图4-5-1所示。

光的偏振与立体
电影

图 4-5-1　滤除偏振光前后的雪山图像对比

在自然界中，偏振光普遍存在，如波光粼粼的水面反射的光属于偏振光，如果滤除这些偏振光，就可以帮助我们更好地看清水面下的鱼，如图 4-5-2 所示。

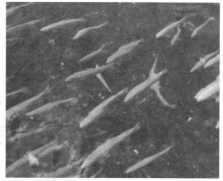

图 4-5-2　滤除偏振光后可以看清水面下的鱼

光的干涉和衍射现象说明光具有波动性，那么光是纵波还是横波呢？电磁波理论指出电磁波是横波，而光的偏振现象证明光的确是横波。横波具有偏振性，对于一列横波，如果振动方向与狭缝的方向一致，那么这列横波可以顺利通过这条狭缝，如果振动方向与狭缝的方向垂直，那么这列横波无法通过狭缝。对于一列纵波，无论狭缝朝哪个方向，纵波都可以通过狭缝继续传播。这种振动方向相对于传播方向的不对称性就是横波的偏振性。偏振性是横波特有的性质。

根据偏振方向的不同，可以把偏振光分为自然光、线偏振光、部分偏振光等。

一般的自然光源发出的光中包含各个方向的光矢量，在所有可能的方向上，光的振幅都相等（轴对称），这样的光叫自然光。自然光以两个互相垂直且振幅相等的光振动表示，它们各具有一半的振动能量。

对线偏振光来说，光振动只沿某一固定方向，而这一振动所在的平面叫作振动面。我们用符号来表示振动方向，用箭头与等间距的竖线表示振动平行于纸面，用箭头与等间距的圆点表示振动垂直于纸面。自然界的偏振光是否都是线偏振光呢？答案是否定的，除线偏振光外，还有部分偏振光。我们把某一方向的光振动比与之垂直方向上的光振动占优势的光称为部分偏振光。

怎么获得线偏振光呢？最常用的方法是利用偏振片，自然光经过偏振片后变为线偏振光，这一过程叫作起偏。起偏器是使自然光成为线偏振光的装置，而检偏器是检验某一种光是否为线偏振光的装置。偏振片既可作为起偏器也可作为检偏器。

自然光入射到偏振片上，随偏振片的转动，出射光光强不发生变化；线偏振光入射到偏振片上，随偏振片的转动，出射光光强出现变化，有消光现象；部分偏振光入射到偏振片上，随偏振片的转动，出射光光强出现变化，但无消光现象。

　　偏振光在我们的生活中随处可见，利用其特性，可以更好地服务于我们的生活。夏天驾车时，路面或周围建筑物玻璃上的反射光，常常令司机睁不开眼。由于光是横波，这些强烈的来自上空的散射光基本上是水平方向振动的，若驾驶员欲戴上偏光眼镜防止反射光的炫目，则他所佩戴的偏光眼镜的透振方向最好是竖直方向。

　　光的偏振现象在技术中也有很多应用，例如，拍摄水下景物或者拍摄玻璃窗内的物体时，由于水面或玻璃会发射出很强的反射光，所以水面下的景物和橱窗中的陈列品模糊，拍出的照片也不清楚，如果在照相机镜头前加一个偏振片，使偏振片的透振方向与反射光的偏振方向垂直，就可以去掉反射光的干扰而得到清晰的照片。此外，偏振光可以调节天空的亮度，在拍摄蓝天白云时，蓝天中有大量的偏振光存在。在使用偏振片后便起到了调节天空亮度的效果，这样使得蓝天变得很暗，很好地凸显了蓝天中的白云。因为偏振片是灰色的，所以在黑白和彩色摄影中均得到了广泛应用。

　　我们都曾为让人身临其境的立体电影而感到惊叹，那么立体电影的原理是什么呢？我们知道，人的左右眼分别从不同方位看到同一物体，虽然是同一物体，但是左右眼中呈现的是两幅角度稍有不同的像，这两幅图像经过大脑合成就会产生立体效果。人们根据这一原理发明了立体电影。立体电影摄像机采用双镜头从两个不同角度同时拍摄，如图 4-5-3 所示。

图 4-5-3　立体电影摄像机

　　在放映时，将两个镜头捕捉到的画面由两个放像机同时投影于大银幕，每个放像机前放置一个偏振片，两个偏振片的方向垂直。

　　在观看立体电影时需要佩戴特制的偏光眼镜，其实眼镜的镜片就是两片相互垂直的偏振片，令左眼看到左边放像机的影像，右眼看到右边放像机的影像，通过双眼汇聚功能将左、右像叠和在视网膜上，由大脑神经产生三维立体的视觉效果，使观众感到景物扑面而来或进入银幕深凹处，产生强烈的"身临其境"感，这样人脑便能感知立体化效果。

　　手机、计算机、计算器使用的液晶显示屏发出的光也是偏振光，将偏振片放在手机、计算机、计算器等的液晶显示屏前，缓慢旋转偏振片，就可以看到透过偏振片的光逐渐出现明暗变化。利用这一原理，我们可以选购一副不错的偏光墨镜。

　　在科研领域，偏振光也大显身手，如偏光显微镜。偏光显微镜（图 4-5-4）是鉴定物质细微结构光学性质的一种显微镜。凡具有双折射性的物质，在偏光显微镜下都能分辨得清楚，因此偏光显微镜被广泛应用在矿物、化学等领域，在生物学和植物学中也有应用。

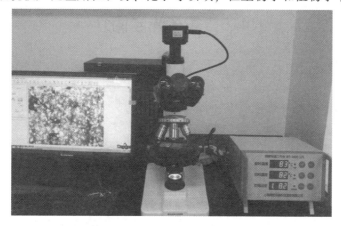

图 4-5-4 偏光显微镜

偏振光在国防领域也发挥着重要作用。偏振性是电磁波的重要属性之一，物质的偏振性能够为目标的探测和识别提供更多维度的信息。因此，偏振探测技术成为近年来备受关注的一种新型的目标探测方法。通常情况下，人造目标物体相比于自然物体往往具有较高的偏振度。有时候强度特征不明显的物体(如树荫下的卡车、草丛中的汽车和帐篷等)用普通拍照技术看不出来其特征，但在偏振图片中就非常明显，如图 4-5-5 所示。另外，在跟踪空中目标时，可以利用长波红外偏振成像获得更加精准的识别率。因此，光的偏振具有重要的军事价值。

人眼只能分辨出光线的亮度和颜色，可是许多动物可以利用偏振光获得更多的视觉信息，一些昆虫可以利用天空中的偏振光来获取方向信息。当太阳不可见时，仅有一小部分天空是可见的，有些昆虫就可以利用偏振光的天光来定向，例如，蜜蜂、蜘蛛等都能利用偏振光来定向。

图 4-5-5 树荫下的卡车

蜜蜂复眼的每个单眼中相邻地排列着对偏振光方向十分敏感的偏振片，可利用太阳准确定位。科学家据此原理还研制成功了偏振光导航仪，其早已广泛用于航海事业中。

偏振性是光的重要属性之一，偏振光已经在许多领域给我们带来了惊喜，只有更好地了解掌握它，才能给我们带来更多精彩。

本节问题：

什么是线偏振光？

4.6　量子光学简介

"忽如一夜春风来，千树万树梨花开"，这句诗词用来形容 20 世纪初的物理学界实在是再合适不过了。量子力学的诞生，仿佛一阵春风吹来，新的研究成果如那千树万树梨花般不断涌现，其中最令人瞩目的就是量子光学。

量子光学简介

19 世纪末，经典物理学的发展已经十分成熟，光的干涉和衍射现象证明光具有波动性，偏振现象说明光是横波，麦克斯韦电磁场理论进一步揭示了光是电磁波的本质，并成功揭示了光的干涉、衍射、偏振等现象。然而当人们开始研究辐射和物质的相互作用时，出现了波动光学无法解释的现象，通过对这些现象的研究，建立了量子的概念。

人们发现所有物体在任何温度下都要发射电磁波，这种与温度有关的辐射称为热辐射。在研究热辐射时，把能完全吸收各种波长电磁波而无反射的物体定义为黑体。黑体能吸收各种频率的电磁波，也能辐射各种频率的电磁波。黑体是理想模型，在不透明材料围成的空腔上开一个小孔，该小孔可认为是黑体的表面，在该小孔处接实验装置可测量黑体的辐出度，如图 4-6-1 所示。

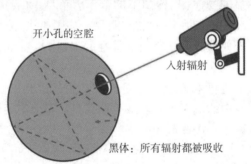

开小孔的空腔

入射辐射

黑体：所有辐射都被吸收

图 4-6-1　理想黑体

许多物理学家运用经典物理学理论欲推导出黑体辐射公式，但是这一过程遇到了极大的困难。如维恩公式与瑞利-金斯公式，分别在低频与高频区域严重偏离实验曲线，人们想尽办法却无法解释这一现象，直到普朗克提出了能量量子化的假设，根据假设得到的公式与实验曲线完美符合。1900 年 12 月 14 日，普朗克把论文提交到德国自然科学会，标志着量子论的诞生。1918 年，普朗克获得了诺贝尔物理学奖。

光电效应就是当一束光照射在金属表面上时，金属表面有电子逸出的现象，如图 4-6-2 所示。如何解释光电效应呢？人们从经典物理学出发，在解释光电效应时遇到了困难。根据经典物理学理论，只要光强足够大，电子就可以逸出金属表面；根据波动光学理论，电子逸出需要一定时间进行能量积累，不会是瞬时的。这些推论与实验结果不符。爱因斯坦敏锐地洞察到了光电效应中隐藏的深刻思想，大大发展了光量子的概念。

爱因斯坦对光量子进行了大胆的假设，他认为一束光就是以光速运动的粒子流，这些粒子叫光量子，简称光子。光子的

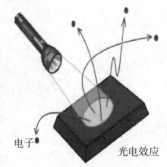

电子

光电效应

图 4-6-2　光电效应

能量，一部分用来克服金属中电子的逸出功，另一部分变为光电子(电子吸收光子从金属表面逸出后叫作光电子)的动能。爱因斯坦的光量子假设，很好地解释了光电子的截止频率与光电子发射的瞬时性，而这是经典物理学所无法解释的。

1922 年，康普顿研究了 X 射线在石墨上的散射，发现在散射的 X 射线中，不但存在与入射线波长相同的反射线，还存在波长大于入射线波长的反射线。用经典物理学理论难以解释这种现象，康普顿用光量子理论成功进行了解释。

与此同时，各种光谱仪的普遍使用促进了光谱学的发展，为了解释原子的光谱，人们逐渐探索，理解了原子的内部结构及其发光机制，最终促成了量子力学的建立，而这一切，都为量子光学奠定了基础。光量子学说的提出，为人们打开量子世界的大门，成功地解释了光电效应现象的实验结果，促进了光电检测理论、光电检测技术与光电检测器件等领域的飞速发展，最终促成了量子光学的建立。

自 1906 年后的 50 多年里，光量子理论的研究工作进展比较缓慢，光量子理论尚未形成比较完整的理论体系。1960 年，第一台红宝石激光器诞生了，自此，有关这一领域的研究工作进入了空前活跃的快速发展时期，由此直接促成了量子光学的诞生和发展。随着研究工作的不断深入和研究范围的不断拓展，新的研究方法和研究手段不断应用，今天的量子光学领域已经出现了一系列激动人心的突破性进展，特别是在 1997 年，朱棣文、科昂·塔努吉和菲利普斯等因研究用激光囚禁和冷却原子的方法而获得诺贝尔物理学奖，从而将量子光学领域的研究工作推向了第一个高潮。此后 2001 年、2005 年及 2018 年的诺贝尔物理学奖分别授予玻色-爱因斯坦凝聚态、光学相干态及光镊的研究。短短 20 年左右，量子光学领域竟然获得了 4 次诺贝尔物理学奖。量子光学的研究十分重要，我国在这一领域也站到了世界前列，如中国科学院团队研究了世界上最精密的镊子——光镊，可以把光束当作微观世界的镊子来操作原子，中国科学技术大学潘建伟团队实现了长距离量子纠缠，创造了量子纠缠距离的世界纪录。

光的量子理论的建立，为人们打开了量子世界的大门，随着光学的发展，量子光学已成为现代光学、激光科学和激光技术的基础。量子光学的世界充满着奇妙，相信随着科技的进步，人们会越来越感受到量子光学带来的无限精彩。

本节问题：

黑体一定是黑色的吗?

第 5 章 | 近代物理学

5.1 从经典物理到近代物理

5.1.1 经典物理学的宏伟大厦

由伽利略和牛顿等于 17 世纪创立的经典物理学，经过 18 世纪在各个基础方面的拓展，到 19 世纪得到了全面、系统和迅速的发展，达到了它辉煌的顶峰。到 19 世纪末，已建成了一个包括力、热、声、光、电等学科在内的、宏伟完整的理论体系。特别是它的三大支柱——牛顿力学、热力学与统计物理、麦克斯韦电磁场理论已臻于成熟和完善，不仅在理论的表述和结构上已十分严谨和完美，而且它们蕴涵十分明晰和深刻的物理学基本观念，对人类的科学认识也产生了深远的影响。

经典物理学的雄伟大厦与近代物理学的两大支柱

经典物理学在科学与技术的各个领域得到了广泛的应用，取得了巨大的成功。1846 年，海王星的发现完全证实了根据牛顿理论所进行的预言。19 世纪 40 年代能量守恒定律的发现，揭示了各种物质运动形式之间的转化关系，从而把力学、热学、电学、化学等联系在一起。牛顿力学成为各门学科的理论基础，这样，大至日月星辰、小到原子分子，似乎无不被牛顿体系所包罗。经典物理学被誉为"一座庄严雄伟的建筑和动人心弦的美丽殿堂"。人们认为对物理现象的本质认识已经完成，当时很多物理学家都认为，经典物理学的大厦已经基本建成，物理学的发展已经基本完成，人们对物理世界的解释已经达到了终点，剩下来的只是进一步精确化的问题，即在一些细节上进行一些补充和修正，使已知公式中的各个常数测得更精确一些。

5.1.2 近代物理学革命的序幕

1. 19 世纪末的三大发现

19 世纪末至 20 世纪初，正当物理学家在庆贺物理学大厦落成之际，却发现了许多经典物理学无法解释的科学现象。1895 年，德国的伦琴发现了 X 射线；1896 年，法国的贝克勒尔发现了放射性；1897 年，英国的汤姆孙提出"电子"的概念。这三大发现无意中揭开了物理学革命的序幕。

2. 经典物理学的两朵乌云

1900 年，英国著名物理学家开尔文在一篇展望 20 世纪物理学的文章中说："在已经基本建成的物理学大厦中，后辈物理学家只要做一些零碎的修补工作就行了……"接着他又说："但是，在物理学晴朗天空的远处，还有两朵小小的令人不安的乌云。"然而，他不会想到，晴朗天空即将风云变色，两朵小小的乌云最终演变成了一场狂风暴雨，物理学领域爆发了一场激动人心的革命风暴，这场风暴孕育了近代物理学。

第一朵乌云是"以太"说破灭，即观测以太效应的实验显示出不存在以太效应。1887 年，迈克耳孙和莫雷在美国克利夫兰用迈克耳孙干涉仪做测量两束垂直光的光速差值的物理实验。结果证明光速在不同惯性系和不同方向上都是相同的，在实验中没测到预期的"以太风"，即不存在一个绝对参考系，从而动摇了经典物理学的基础，成为近代物理学的一个开端。这个实验在物理学发展史上占有十分重要的地位，它促成了相对论的建立。

第二朵乌云叫作"紫外灾难"，指的是黑体辐射实验的实验结果与理论预言不一致。普朗克对黑体辐射问题的研究，可以追溯到 1894 年，当时他的动机是证明辐射过程是严格不可逆的，而不是在统计意义上不可逆。他不相信玻尔兹曼统计理论，只相信热力学，最后推导出与实验符合的黑体辐射公式。用经典物理学理论无法解释黑体辐射实验的结果，这促成量子理论的诞生。

在物理史上最负有盛名的一次会议当属 1927 年 10 月召开的第五届索尔维会议，图 5-1-1 所示是参加会议的物理学家的合影，当时世界上声名赫赫的物理学家均出席了会议，并对新提出的量子理论进行了探讨。围绕着量子理论的发展，涌现出无数物理天才，在普朗克和爱因斯坦之后，玻尔、薛定谔、泡利、狄拉克等陆续登场。他们几乎都在 30 岁之前对量子理论做出了重大诠释。

图 5-1-1　第五届索尔维会议照片

5.1.3　近代物理学的两大支柱

经典物理学与近代物理学最本质的区别：经典物理学主要用于研究宏观低速的问题，近代物理学主要研究微观高速的问题。相对论和量子理论是近代物理学的两大支柱。

1. 相对论

相对论是关于时间和空间的理论，创立者是爱因斯坦。相对论极大地改变了人类对宇宙和自然的"常识性"观念，提出了"同时的相对性""四维时空""时空弯曲"等全新的概念。大科学家朗之万对爱因斯坦有很高的评价：他现在是，将来也还是人类宇宙中有头等光辉的一颗明星，他的伟大至少可与牛顿相比，因为他对于科学的贡献更深入人类思想基本概念的结构中。

2. 量子理论

量子理论揭示了微观物质世界的基本规律，主要研究原子、分子、凝聚态物质，以及原子核和基本粒子的结构和性质，与相对论一起构成了近代物理学的理论基础。现在只要涉及微观层面，就要用到量子理论，涉及领域有化学、微电子和材料等，应用范围相当广泛。

可以说，20世纪物理学的发展极大地促进了整个社会生产力的发展。相对论和量子理论的建立，是物理学史上一场惊天动地的革命。没有近代物理学就没有现代科学，就没有现代文明。近代物理学的发展极大地促进了社会发展，其成果广泛地应用于互联网和计算机现代通信等技术，改变了人们对自然界的看法、对世界的观念。

本节问题：

(1)第五届索尔维会议上物理学家讨论了什么问题？

(2)什么是"紫外灾难"？

5.2　X射线的前世今生

在我国古代，扁鹊、华佗等名医通过"望、闻、问、切"来诊断患者的内部疾病，这是那个时代最"先进"的诊断方式。正常情况下，人体内的器官和组织是无法用肉眼看见的。在道家和中医中，常会有"内视"的说法，即可"内视"脏腑的形态色泽。我们姑且不论"内视"的真伪，至少这代表了古人一种美好的想象。面对我们身体内部的神秘结构，如果能有一双可以

X射线的前世今生

透视的眼睛，那就太神奇了。而随着科学的进步，这双神奇的眼睛，真的出现了，它的名字就叫作X射线。

5.2.1　X射线的发现

19世纪30年代，随着人们对电磁现象的深入认识和真空技术的发展，人们从对大气放电现象的研究，发展到在实验室中对真空放电实验的研究。各国许多科学家加入了对阴极射线的研究，一场围绕阴极射线本质的争论激烈地展开了，正是这种科学界的争论促进了物理学的深入发展。

德国物理学家伦琴(图5-2-1)于1868年获瑞士苏黎世工业大学机械工程师资格证书，1869年以论文《气体的特性》获苏黎世大学哲学博士学位，1894年被选任维尔茨堡大学校长。在19

图5-2-1　伦琴(1845—1923)

世纪末，伦琴同样对阴极射线的本质研究有着浓厚的兴趣。

1895 年 11 月的一天，伦琴在对阴极射线进行实验研究时，为了防止外界紫外线和可见光的干扰，用黑色硬纸板包住放电管，在接上高压电流进行实验时，一个奇怪的现象引起了他的注意。在 1 m 以外的一个荧光屏上发出了微弱的浅绿色荧光，一切断电源，荧光就立即消失，这一发现令他十分惊奇，他全神贯注地重复实验，把荧光屏一步步移远，即使距离在 2 m 左右，屏上仍有较强的荧光出现。当时，伦琴意识到这不是阴极射线，阴极射线不能穿透黑纸和距离大于 1 m 的空气，这一新奇的现象是迄今为止尚未被观察过的。伦琴给这个未知的新射线起名为 X 射线。

接下来的几个星期中，伦琴独自待在实验室研究新的射线及其特性，以便证实这个偶然的观察是确定的事实，他先后用木板、纸和书来试验，这些东西对 X 射线来说都是透明的。为了排除视力的错觉，他利用感光板把他在光屏上观察到的现象记录下来，他吃饭、睡觉都在实验室，以便不间断地利用仪器，特别是利用水银空气泵进行研究工作。

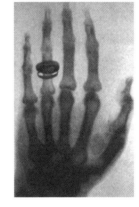

他偶然发现 X 射线可以穿透肌肉照出手骨轮廓，于是有一次他夫人到实验室来看他时，他请她把手放在用黑纸包严的照相底片上，然后用 X 射线对准照射 15 min，显影后，底片上清晰地呈现出他夫人的手骨像，手指上的结婚戒指也清晰可见，如图 5-2-2 所示。这是一张具有历史意义的照片，它表明了人类可借助 X 射线，隔着皮肉去透视骨骼。

X 射线的发现，不仅帮助伦琴获得了世界上第一个诺贝尔物理学奖，更宣布了物理学新时代的到来，使得医学检测发生了翻天覆地的变化。后来，人们为了纪念伦琴，也把 X 射线称为"伦琴射线"。

图 5-2-2　伦琴夫人的手骨像

5.2.2　X 射线的产生

图 5-2-3 所示是 X 射线管的示意图，它包含阳极和阴极两个电极，分别为用于接收电子轰击的靶材和发射电子的灯丝。两极均被密封在高真空的玻璃或陶瓷外壳内。阴极发出高能电子轰击在阳极金属上。这时阳极金属内层电子发生跃迁，当跃迁的电子回到原轨道的时候就发出 X 射线辐射。这样，X 射线就产生了。

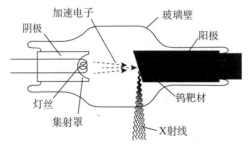

图 5-2-3　X 射线管的示意图

5.2.3 X 射线的应用

大多数人都有去医院体检的经历，其中就有这样一个项目：X 光胸透。这就是在利用 X 射线给我们的身体照相。大家可以想象一下，自己现在就站在荧光屏的前面，看不见的 X 射线像箭一样透过我们的身体，在荧光屏上留下深浅不一的影像，人体内部的构造一目了然。X 射线能用于透视，主要是因为我们身体的不同组织对它的吸收不同，我们骨头的组成成分中钙、磷对它的吸收比较强；而肺泡几乎不吸收它，X 射线能够全部透过；肌肉、血液对它的吸收也比较小。因此，X 射线穿过人体以后，就携带了人体内部的信息。而且，穿过的厚度不一样，出来的 X 光片亮度也不一样，所以我们可以把 X 射线应用于透视，来检查人的身体。

除此之外，X 射线计算机断层成像（X-ray Computed Tomography，X-CT）能够快速地检查病情，X 刀能够准确地消除肿瘤。人们在乘坐火车、飞机，进行入站安检时，检查行李中的物品用的也是 X 射线。在科学研究中，X 射线同样有着广泛的应用。X 射线晶体衍射可以测定晶体结构，已经成为了解微观世界的不二利器。

5.2.4 X 射线通信技术

和看不见的无线电波、看得见的可见光一样，X 射线也是一种电磁波，但它的波长远小于可见光，只有 0.01～10 nm。

X 射线通信技术是近年来空间科学领域的前沿技术。如果将传递信息的电磁波比作一条高速公路，频率就是车道的数量。车道越多，通过的车也就越多，频率越高，能传输的信息量也就越大。X 射线的频率比无线电波高了几百万倍。目前，利用手机无线电波传输数据，我们每秒钟可以传输几百兆字节的数据。未来，利用 X 射线通信，就有可能实现每秒钟数百万兆字节的数据传输。

不仅如此，就连在太空中，X 射线通信也能大显身手。大家都知道航天英雄杨利伟，可大家可能不知道的是，他所乘坐的飞船在返回地球的时候，有 10 min 是与地面失去联系的，飞船也是失去控制的。这是因为"黑障区"的存在，切断了飞船与地面之间无线电波的联系。而 X 射线有很强的透过力，它能穿透"黑障区"，实现飞船与外界之间的通信。习近平总书记在视察中国科学院西安光学精密机械研究所时曾经说过，核心技术靠化缘是要不来的。而 X 射线通信，就是这样一项不折不扣掌握在我们中国人自己手里的核心技术。

5.2.5 X 射线与艺术

看到图 5-2-4 中的这组照片，大家是不是以为这是哪位大师的水墨花鸟图？那真相可能会让你大吃一惊，因为这其实是荷兰医学物理学家阿里·凡特·里尔特的摄影作品，是用 X 射线透视而成的。在拍摄过程中，为了避免对小动物们造成辐射和伤害，阿里选择的拍摄对象往往都是已经死亡的。X 射线能够让我们看到平时看不到的画面，让我们看到大自然造就的生物内部的复杂和精致。X 射线除了用于医学和科学，还可以用来创造艺术。在生活中，只要有一双善于发现美的眼睛，处处都是精彩的画面。

100 多年前，X 射线被冠以神奇之名，100 多年后，X 射线依旧充满活力，不仅服务着我们生活的方方面面，而且在科学技术的发展中也不断展现出新的创造力。让我们保持对神秘的敬畏、对未知的向往，因为只有这样，才能不断创新、不断畅想。

图 5-2-4　用 X 射线透视拍摄的摄影作品

本节问题：

（1）简述 X 射线的发现过程。

（2）X 射线是如何产生的？

5.3　考古研究与放射性碳定年法

你们知道考古是如何测定年代的吗？夏商周是如何断代的？我们如何得知武王伐纣发生在公元前 1046 年？如何确定磁山是世界上粮食粟、家鸡和中原核桃的最早发现地？这一切要从放射性的发现说起。

考古研究与放射性碳测年

5.3.1　天然放射性的发现

伦琴发现放射性之后，将他的论文和一些用 X 射线拍摄的照片寄给了一些著名的物理学家，其中一位是法国著名的物理学家庞加莱。他在法国科学院的例会上介绍了伦琴的重大发现，当时在场的物理学家贝克勒尔（图 5-3-1）问道："这种射线是如何产生的？"庞加莱说可能是从阴极对面的荧光物质中发出的。自此，贝克勒尔等法国科学家开始进行关于荧光物质能否发出 X 射线的实验研究。

图 5-3-1　贝克勒尔（1852—1908）

贝克勒尔的祖父和父亲都是著名的研究荧光物质的专家，这为他研究荧光物质能否发出 X 射线提供了很好的实验条件，当时照相技术的发明和应用，为他提供了必要的技术条件。经过反复实验，终于在 1896 年，贝克勒尔在研究铀盐的实验中，首先发现了铀原子核的天然放射性。在进一步研究中，他发现铀盐所放出的这种射线能使空气电离，也可以穿透黑纸使照相底片感光。他还发现，外界压强和温度等因素的变化不会对实验产生任何影响。这种射线与荧光无关，显然不是 X 射线，而是穿透性很强的一种神秘射线。贝克勒尔的这一发现意义深远，它使人们对物质的微观结构有了更新的认识，并由此打开了原子核物理学的大门。

自然界中已知的铀矿有 170 多种，其中重要的有沥青铀矿、钾钒铀矿、斜水钼铀矿等，如图 5-3-2 所示。如果要评选世界上最美丽动人的矿石，那么铀矿绝对名列前茅，它被誉为矿石家族中的"玫瑰花"。铀矿如此美丽但却很少有人愿意接近它，原因就在于它的放射性。

图 5-3-2　自然界中的铀矿

居里夫人（图 5-3-3）在 1897 年至 1934 年的 38 年科学生涯中，以惊人的毅力、顽强的意志、高度的智慧全身心投入放射性的研究。1898 年，居里夫妇发现了钋和镭，并发现它们也能自发地放射出射线。1903 年，居里夫妇和贝克勒尔共享了诺贝尔物理学奖。1910 年，居里夫人完成她的名著《论放射性》。1911 年，居里夫人又荣获了诺贝尔化学奖。

图 5-3-3　居里夫人（1867—1934）

5.3.2　放射性衰变、半衰期

天然放射性核素能够自发地放射出各种射线，从而衰变为另外一种核素。放射性物质放射出的射线主要有以下 3 种。

（1）α 射线：氦原子核，贯穿本领很小，电离作用很强，一张纸就能够把它挡住。

（2）β 射线：电子流，有较大的贯穿本领和较小的电离作用，其贯穿本领大约是 α 射线的 100 倍，能够穿透皮肤。

（3）γ 射线：光子流，是波长很短的电磁波，在电磁波谱上排在 X 射线之后，有最大的贯穿本领和最小的电离作用。它甚至能穿透几厘米厚的铅板。

放射性现象的研究是获悉原子核内部状况的重要途径之一。

原子核由于放射出某种射线而转变为新核的变化叫原子核的衰变。

原子核衰变时核电荷数和相对原子质量都守恒。^{238}U（铀）在 α 衰变时产生的 ^{234}Th（钍）也具有放射性，其放射出 β 射线后变为 ^{234}Pa（镁），上述过程可以用下面的衰变方程表示：

$$\ce{^{238}_{92}U} \longrightarrow \ce{^{234}_{90}Th} + \ce{^{4}_{2}He} \tag{5-3-1}$$

$$\ce{^{234}_{90}Th} \longrightarrow \ce{^{234}_{91}Pa} + \ce{^{0}_{-1}e} \tag{5-3-2}$$

放射性同位素衰变的快慢有一定的规律，其原子核的数目衰变到原来数目的一半时所经历的时间叫半衰期。简单地说，一个元素失去一半质量所需的时间就是这个元素的半衰期。

例如，^{32}P（磷）的半衰期为 14 天。假设有 20 g ^{32}P，14 天后，只剩下 10 g ^{32}P，因为原来质量的一半已经衰变了。再过 14 天，就只剩下 5 g ^{32}P 了。

5.3.3　放射性碳定年法的基本原理

考古学家确定古木年代的方法是用放射性同位素作为"时钟"，来测量漫长的时间，这种方法叫作放射性碳定年法，又叫^{14}C 测年。

1940 年，美国物理化学家威拉得·利比领导一支科学家团队开发了一种测量放射性碳活性的方法。他被认为是第一位说明生命体中可能存在名为放射性碳（即^{14}C）的不稳定碳同位素的科学家。利比和他的科学家团队发表了一篇文章，对有机样品中首次发现放射性碳的情况进行了概述。利比还是第一位测量放射性碳的衰变率，并且把 5 568±30 年作为其半衰期的科学家。1960 年，利比被授予诺贝尔化学奖，以此认可他在开发放射性碳定年法中做出的努力。

下面介绍放射性碳定年法的基本原理。碳在自然界有 3 种同位素，^{12}C 是稳定同位素，不发生衰变；^{13}C 的稳定性在^{12}C 和^{14}C 之间，半衰期不详；^{14}C 是放射性同位素，半衰期为 5 730 年，发生 β 衰变，主要产生于高空大气层。^{14}C 的产生过程：宇宙射线产生的高能中子撞击了地球大气中的氮原子，打出氮的原子核中的一个质子，同时中子进入，于是质子数为 7、中子数为 7 的^{14}N 就变成了质子数为 6、中子数为 8 的^{14}C，相对原子质量不变。^{14}C 不稳定，会发生 β 衰变，它的一个中子变成质子，释放出一个电子和一个中微子，进而重新变成^{14}N。这个过程可以用下面的方程表示：

$$\ce{^{14}_{7}N} + \ce{^{1}_{0}n} \longrightarrow \ce{^{14}_{6}C} + \ce{^{1}_{1}p} \tag{5-3-3}$$

$$\ce{^{14}_{6}C} \longrightarrow \ce{^{14}_{7}N} + \ce{^{0}_{-1}e} + \gamma \tag{5-3-4}$$

式中，$^{1}_{0}$n 表示中子；$^{1}_{1}$p 表示质子；$^{0}_{-1}$e 表示电子；γ 表示中微子。

^{14}C 在高空产生后，很快就被氧化成 CO_2，并均匀分布在大气层中。生物体在活着的时

候会因呼吸、进食等不断地从外界摄入^{14}C，最终体内^{14}C与^{12}C的比值会达到与环境一致，该比值基本不变。当生物体死亡时，^{14}C的摄入停止，之后因遗体中^{14}C的衰变，遗体中的^{14}C与^{12}C的比值发生变化，通过测定^{14}C与^{12}C的比值，再对照空气中的数值就可以测定该生物的死亡年代。

在夏商周的断代工程中，就是用^{14}C定出了从二里头文化到西周的考古学文化分期的年代框架。如用^{14}C缩短范围，再根据天文演算、文献和金文历日研究，可确定公元前1046年为武王伐纣年。断代工程中，^{14}C测年与考古学密切结合，通过配合考古发掘的高精度系列样品研究，建立了夏商周考古-^{14}C年代框架，为三代年表的建立提供了依据，也把我国的^{14}C测年研究推上了新的高度。

邯郸市是"国家历史文化名城"，早在10 300年前，新石器早期的磁山先民就在这里繁衍、休养生息。磁山文化遗址的年代，根据中国社会科学院考古研究所^{14}C测定的数据，为距今约8 000年；后经中国科学院地质与地球物理研究所用植硅体方法学对磁山文化层年代全方位分析得出结论，磁山遗址距今约10 300年。对磁山遗址的考古发掘从1976年开始，期间出土陶、石、骨、蚌器5 000多件和大量家禽家畜、胡桃等动植物标本，还发现了碳化的粟约5万kg，磁山被确认是世界上粮食作物——粟的最早发源地，还是中国家鸡和中原胡桃最早的发现地。

用放射性碳定年法测算时间一般会有误差，因为很多因素（如火山喷发等）会影响空气中^{14}C的百分比，所以还需要对比古木年轮和洞穴堆积物等进行校正。

本节问题：

（1）天然放射性是如何被发现的？

（2）简述放射性碳定年法的基本原理。

5.4 原子模型的演变

著名的物理学家费曼曾经说过："如果这个世界就要毁灭了，你只能给后世留下一句话的话，那么这句话就应该是'世界是由原子构成的'"。那么人们是如何发现世界是由原子构成的呢？

走进原子世界

5.4.1 古典原子论

在探索原子结构的过程中，很多科学家做出了相应的贡献，在《庄子·杂篇·天下》中，庄子的好朋友惠施（图5-4-1）提出"一尺之棰，日取其半，万世不竭"，意思是1尺长的棍棒，每日截取它的一半，永远截不完。这形象地说明了事物具有无限可分性。

在《墨子》中，墨子（图5-4-2）提出了"端"的概念，认为"端，体之无序而最前者也""非半弗斫，则不动，说在端"，这几句话的意思是说：物质到了没有一半的时候，就不能斫开它了，这种情形可称为"端"。总之，物质要分割就得满足物质本身有可分为两半的条件，如果没有可分为两半的条件，就不能再分割了。所以说，"端"是无法间断的。《墨子》中的这些话虽简单，但包含的思想是深邃的。关于"端"及其阐述，可以说已经具有近代原子论的原始雏形。

图 5-4-1　惠施(约公元前 370—公元前 310)

图 5-4-2　墨子(约公元前 476—公元前 390)

古希腊哲学家留基伯(图 5-4-3)及其继承者德谟克利特(图 5-4-4)先后提出了朴素的原子论。他们认为存在着无限多不可分割、性质永不变化的原子,它们仅在大小、形状和运动方面有着量的不同。物质性质的变化由原子组合的改变造成。"原子"这个词源于古希腊语 atom,意思是不可再分的微粒。

图 5-4-3　留基伯(约公元前 500—公元前 440)

图 5-4-4　德谟克利特(约公元前 460—公元前 370)

5.4.2　道尔顿的原子模型

1803 年,英国科学家道尔顿(图 5-4-5)在进一步总结前人经验的基础上,提出了具有近代意义的原子学说,他认为原子是微小的不可分的实心球,如图 5-4-6 所示。这种原子学说的提出开创了化学的新时代,它解释了很多物理、化学现象。

图 5-4-5　道尔顿(1766—1844)

图 5-4-6　道尔顿原子模型

5.4.3　汤姆孙的原子模型

1897 年，汤姆孙(图 5-4-7)根据放电管中的阴极射线在电磁场作用下的轨迹确定了阴极射线中的粒子带负电，他称之为"微粒"，现在我们知道这种微粒就是电子。在微粒基础上，汤姆孙开始思考原子的模型。

图 5-4-7　汤姆孙(1856—1940)

汤姆孙最终构建了一个原子模型。在这个模型中，原子的正电荷均匀分布在整个原子球体内，而电子一个个嵌在其中，并保持整个原子的电中性，当时这种模型被称为"枣糕模型"，如图 5-4-8 所示。汤姆孙被誉为"一位最先打开通向基本粒子物理学大门的伟人"。

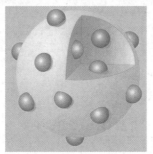

图 5-4-8　"枣糕模型"

5.4.4　卢瑟福的行星模型

为了验证汤姆孙原子模型的正确性，卢瑟福(图 5-4-9)在 1909 年开始做 α 粒子散射实验。他开创的用高速运动粒子作为探针轰击原子，从而研究原子结构的方法，是核物理和粒子物理实验中非常好的分析方法。

图 5-4-9　卢瑟福(1871—1937)

　　图 5-4-10 所示是 α 粒子散射的仪器，α 粒子散射实验示意图如图 5-4-11 所示。实验结果表明，绝大多数 α 粒子穿过金箔后仍沿原来的方向前进，但有少数 α 粒子发生了较大的偏转，并有极少数 α 粒子的偏转超过 90°，有的甚至几乎达到 180° 而被反弹回来，这就是 α 粒子的散射现象。对于学生马斯登和盖革所观察到的 α 粒子大角度散射现象，卢瑟福非常兴奋，激动地说："这几乎令人难以置信，在我的一生中竟会发生这样的事情。设想你将一颗直径为 38 cm 的大炮弹射向一张薄纸，炮弹竟然会反射回来打中你自己。"1911 年，卢瑟福根据 α 粒子散射实验提出原子的行星模型，该实验被评为"物理最美实验"之一。

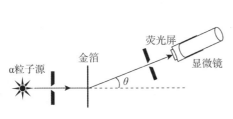

图 5-4-10　α 粒子散射的仪器

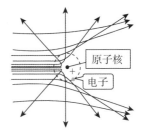

图 5-4-11　α 粒子散射实验示意图

　　在原子的行星模型(图 5-4-12)里，电子像太阳系的行星围绕太阳旋转一样围绕着原子核旋转，所有正电荷和原子质量都集中在原子中心一个非常小的体积内，构成原子核。由于原子核很小，绝大部分粒子并不能瞄准原子核入射，而只是从原子核周围穿过，所以原子核对它们的作用力不大，粒子偏转也很小；也有少数粒子有可能从原子核附近通过，这时与原子核的距离较小，受到的作用力较大，就会有较大的偏转；而极少数正对原子核入射的粒子，由于与原子核的距离很小，受到的作用力很大，就有可能被反弹回来。因此，卢瑟福的原子的行星模型能定性地解释 α 粒子散射实验。

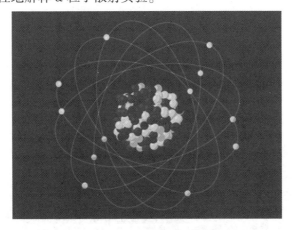

图 5-4-12　原子的行星模型

　　在 1918 年，卢瑟福用 α 粒子去轰击氮原子时，记录到了"氢核"逸出的现象。于是卢瑟福意识到，氮原子中有可能含有"氢核"，然后把这个粒子命名为质子，同时预言了中子的存在。中子因为不带电，所以被发现得比较晚，到 1932 年，中子才被查德威克(图 5-4-13)发现。中子被发现以后，海森堡及其他量子领域的一些科学家，就直接提出了原子核是由质子和中子组成的。

图 5-4-13　查德威克(1891—1974)

5.4.5　玻尔的原子理论

按照经典电磁场理论，卢瑟福的这个原子模型中，电子会发射出电磁辐射，这样就会损失能量，电子没有能量后会瞬间坍缩到原子核里。这与实际情况不符，卢瑟福无法解释这个矛盾。1885 年，瑞士数学教师巴尔末提出用于表示氢原子谱线波长的经验公式。玻尔(图 5-4-14)猜想，这 4 条光谱线应该是吸收光子能量的电子在进入受激态后，又返回量子数 $n=2$ 的量子态时所释放出来的谱线。意思就是，电子会吸收或者释放出特定的能量。受到巴尔末启发，玻尔于 1913 年提出了自己的原子模型。

图 5-4-14　玻尔(1885—1962)

玻尔的原子理论给出的原子模型如图 5-4-15 所示。

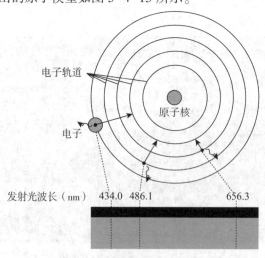

图 5-4-15　玻尔的原子模型

对玻尔的原子模型的说明如下。

(1)电子在一些特定的可能轨道上绕原子核做圆周运动，离原子核越远能量越高。

(2)可能的轨道由电子的角动量必须是 $h/2\pi$ 的整数倍决定。

(3)当电子在这些可能的轨道上运动时原子不发射也不吸收能量，只有当电子从一个轨道跃迁到另一个轨道时原子才发射或吸收能量，而且发射或吸收的辐射是单频的，辐射的频率和能量之间的关系由 $E=h\nu$ 给出。其中，h 为普朗克常量，E 为能量，ν 为频率。玻尔的原子理论成功地解释了原子的稳定性和氢原子光谱线规律。

5.4.6 电子云模型

1926 年，奥地利物理学家薛定谔(图 5-4-16)在德布罗意关系式的基础上，对电子的运动进行了适当的数学处理，提出了著名的薛定谔方程。在量子力学中，用一个波函数 $\Psi(x, y, z)$ 表示电子的运动状态，并且用它的模的平方值 $|\Psi|^2$ 表示单位体积内电子在核外空间某处出现的概率，即概率密度，如果用三维坐标以图形表示的话，就是电子云，图 5-4-17 为电子云模型。海森堡建立了量子矩阵力学，并且提出了著名的不确定关系：粒子的位置与动量不可能同时被确定，位置的不确定性越小，则动量的不确定性越大，反之亦然。根据海森堡的不确定关系，我们没办法描述电子准确的位置，而只知道它出现在某个位置的概率是多少。所以，电子在原子核外的分布是概率云的样式。

图 5-4-16 薛定谔(1887—1961)

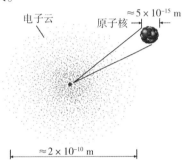

图 5-4-17 电子云模型

1950 年，随着粒子加速器和粒子探测器的发展，科学家们可以研究高能粒子间的碰撞。他们发现中子和质子是强子的一种，由更小的夸克构成，如图 5-4-18 所示。核物理的标准模型也随之发展，能够成功地在亚原子水平解释整个原子核以及亚原子粒子之间的相互作用。

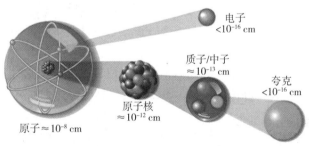

图 5-4-18 原子结构与组成

5.4.7 原子冷却技术

1983 年开始，朱棣文专注于原子冷却技术的研究，于 1985 年发表第一篇学术论文。1987 年到 1992 年间，他在斯坦福大学实验室制造出了接近绝对零度的低温，减慢原子速度，而被誉为"能抓住原子"的人。凭借这项创举，朱棣文获得了 1997 年的诺贝尔物理学奖。有一些实验通过激光冷却的方法将原子减速并捕获，这些实验能够帮助我们更好地理解物质。

　　图 5-4-19 所示是原子模型发展史，从科学家对"原子"的探索历程中不难发现，所谓"原子"并不是一个实体微粒，它是次级元素（电子、质子、中子）的组合。科学研究、科学发现是无止境的，我们应该学习科学家们大胆质疑、执着追求科学真理的精神，未来随着科学仪器的不断升级改进，我们对原子结构必然会有更深入的认识。

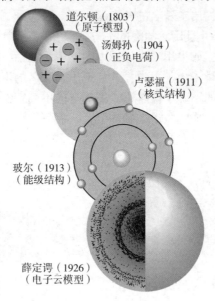

道尔顿（1803）
（原子模型）

汤姆孙（1904）
（正负电荷）

卢瑟福（1911）
（核式结构）

玻尔（1913）
（能级结构）

薛定谔（1926）
（电子云模型）

图 5-4-19　原子模型发展史

本节问题：

（1）玻尔的原子理论是什么？

（2）描述卢瑟福的核式模型。

5.5　时空观的革命——相对论

　　我国古代的神话小说中素有"天上一日，地上一年"的说法，即凡人因机缘巧合到天上短短数十日后，再回到人间时，所有景象都改变了，儿时的伙伴已成白发苍苍的老人，但他却依然年轻。那么"真相"到底是什么呢？

时空观的革命
——相对论

5.5.1　爱因斯坦的生平

　　1879 年，在德国乌尔姆市的一个犹太小工厂主的家庭里，爱因斯坦诞生了。儿时的爱因斯坦话少，性格内向，喜欢独立思考、寻根究底；中学时期的爱因斯坦爱问问题，有探究精神。年轻的爱因斯坦热爱数学和物理，1900 年毕业于瑞士苏黎世联邦理工学院，入瑞士国籍。1902 年，爱因斯坦在瑞士联邦发明专利局工作，在这里他有充分的时间来研究自己喜欢的东西，他的大多数成就都是在这个职位上做出的。1905 年是爱因斯坦的丰收年，他获得苏黎世大学物理学博士学位，并提出光子假设，成功解释了光电效应，并因此获得1921 年的诺贝尔物理学奖。1905 年 6 月，爱因斯坦发表论文《论动体的电动力学》，创立狭义相对论，同年 11 月，他发表了有关质能方程的论文，指出能量等于质量乘以光速的平方，即 $E=mc^2$，这个方程式是制造原子弹的基础。爱因斯坦的这些成就开创了物理学的新纪元，因此这一年被称为"爱因斯坦奇迹年"。1915 年，爱因斯坦创立广义相对论，提出了时空弯曲的思想，建立起一个崭新的时空观。他于 1955 年 4 月 18 日去世，享年 76 岁。爱因斯坦为核能开发奠定了理论基础，开创了现代科学技术的新纪元，被公认为是继伽利略、牛顿以来最伟大的物理学家。1999 年 12 月，爱因斯坦被美国《时代》评选为 20 世纪的"世纪伟人"，如图 5-5-1 所示。

图 5-5-1 《时代》封面上的爱因斯坦(1879—1995)

5.5.2 相对论是对牛顿力学的一个修正

相对论是爱因斯坦对牛顿力学的一个修正。也就是说，牛顿力学不是错了，而是它的适用范围有限，它只能在低速宏观的条件下使用，而当物体以接近光速运动的时候，牛顿力学就不太准了，这时候要用相对论来修正它。也可以这样理解：牛顿力学是相对论在速度远小于光速时的一个近似。

5.5.3 狭义相对论的两个基本原理

1. 相对性原理

假设你在一个做匀速直线运动的没有窗户的飞机上，如果不与外部取得任何联系，那么你是无法判断飞机是在做匀速直线运动还是停在地面上的，此时，你在飞机上走动，做自由落体的实验，做验证牛顿运动定律的实验，或者做电磁实验，等等，你会发现，这些实验的结果和在地面上所得的实验结果完全相同。也就是说，任何实验都无法确定该惯性系做匀速直线运动的速度。

上述实验可以概括为相对性原理：物理定律在所有惯性系中都具有相同的表达形式。换句话说，在一个做匀速直线运动的密封舱内的任何实验都不能判断它是静止的还是运动的。

2. 光速不变原理

光速不变原理指真空中的光速是常量，大约是 $3×10^8$ m/s，通常用字母 c 来表示，光速沿各个方向都等于 c，与光源或观察者的运动状态无关。怎么理解相对性原理和光速不变原理成了理解狭义相对论的关键。

我们来看图 5-5-2 中的一个相对速度实验，假设在一辆火车上，火车的速度 v 是 100 m/s，然后你以 $v_r=1$ m/s 的速度在火车里面往前走，这时候你想象一下如果地面上有个人，他测量你的速度的话，会是多少？我相信你敢肯定地说是 101 m/s，没错，的确是 101 m/s，地面上测量的人的速度就是火车的速度加上人在火车上行走的速度。但是，当实验对象换成光的时候，这一切就变了。如果在火车里打开一个手电筒，在地面上的人测量这个光速，它居然不是 $c+v$，而依然是 c。也就是说，在地面上测量的手电筒的光的速度竟然不是光速加上火车的速度，在火车上测量光速是 c，在地面上测量仍然是 c。科学家们做了很多实验，最后的结果都是一样的：在真空中，任何人在任何地方测量的光速都是 c，完全不符合牛顿力学里最基本的速度叠加原理。有一大批人试图用以太来解释，但迈克耳孙-莫雷实验证明以太是不存在的。如果假设光速是不变的，则不仅能解释麦克斯韦电磁学和牛顿力学之间的矛盾，而且能解释一些其他难以理解的现象。

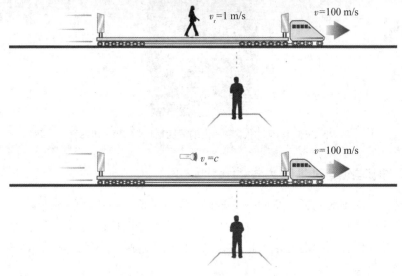

图 5-5-2　相对速度实验

5.5.4　狭义相对论的时空观

1. 同时的相对性

图 5-5-3 所示是一个同时的相对性实验：以车厢为参考系，车厢里的观察者认为光同时到达车厢的前后两壁；以地面为参考系，地面上的观察者认为光先到达车厢后壁再到达前壁。沿两个惯性系运动方向，不同地点发生的两个事件，在其中一个惯性系中是同时的，在另一个惯性系中观察则是不同时的，所以同时具有相对意义；只有在同一地点、同一时刻发生的两个事件，在其他惯性系中观察才是同时的。

图 5-5-3　同时的相对性实验

2. 长度的收缩

长度的收缩实验如图 5-5-4 所示，车厢以 240 000 km/s 的速度向前行驶，车上的人看到车厢的长度为 l'，车外的人看到车厢的长度为 l，根据式(5-5-1)我们可以计算出 l 的长度为 $0.6l'$，运动起来的车厢长度收缩了。

$$l = l' \sqrt{1 - \left(\frac{v}{c}\right)^2} \tag{5-5-1}$$

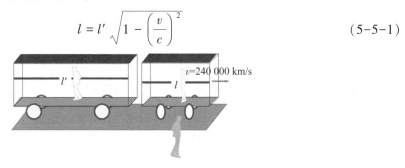

图 5-5-4 长度的收缩实验

需要注意的是，长度收缩效应只发生在相对运动的方向上，例如，图 5-5-5 中，在静止坐标系中长度为 l 的尺子，以速度 u 沿 x' 轴方向运动，长度收缩为 l'，宽度并未改变，也就是说，在 y 轴方向上无长度收缩效应。

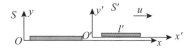

图 5-5-5 长度收缩示意图

3. 时间的延缓

时间延缓实验如图 5-5-6 所示，在高速运行的小车上，由车厢底部发出的光，以小车为参考系，对车上的人来说，光是在竖直方向反射的[图 5-5-6(a)]；以地面为参考系，车厢外的人认为被接收的反射光是沿斜线传播的[图 5-5-6(b)]，光走过的路程更长，根据光速不变原理，所需的时间就长了，所以运动的钟变慢了。而且，运动速度越快，钟走得越慢，接近光速时，钟就几乎停止了。

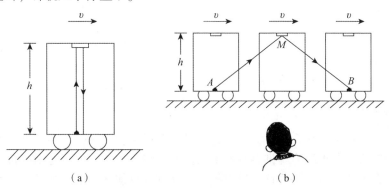

(a) (b)

图 5-5-6 时间延缓实验

(a)以小车为参考系；(b)以地面为参考系

双生子佯谬是一则年代悠久的狭义相对论佯谬，最早在 1911 年被朗之万提出，讲的是有一对双胞胎兄弟，哥哥坐高速飞船去太空旅行，弟弟则在地球等哥哥。按照狭义相对论，运动者的时间要比静止者的时间流逝慢，也就是说在弟弟看来，哥哥在运动，因此哥哥要比自己年轻。但如果哥哥以自身为参考系，发现弟弟是在运动的，所以哥哥认为弟弟要比自己年轻。假如飞船返回地球，两兄弟相见，到底谁年轻就成了难以回答的问题。

问题的关键是，时间延缓效应是狭义相对论的结果，它要求飞船和地球同为惯性系。要想保持飞船和地球同为惯性系，哥哥和弟弟就只能永别，不可能面对面地比较谁年轻。这就是通常所说的双生子佯谬。

如果飞船返回地球，则在往返过程中有加速度，飞船就不是惯性系了。这一问题的严格求解要用到广义相对论，计算结果是，兄弟相见时哥哥比弟弟年轻。这种现象称为双生子效应。

5.5.5 最具意义、最简单的关系——质能关系

爱因斯坦提出了以下关系式。
质速关系：

$$m = \frac{m_0}{\sqrt{1 - \left(\dfrac{v}{c}\right)^2}} \tag{5-5-2}$$

质能关系：

$$E = mc^2 \tag{5-5-3}$$

静止能量：

$$E_0 = m_0 c^2 \tag{5-5-4}$$

动能表达式：

$$E_k = E - E_0 \tag{5-5-5}$$

即

$$E_k = \frac{m_0 c^2}{\sqrt{1 - \left(\dfrac{v}{c}\right)^2}} - m_0 c^2 \tag{5-5-6}$$

质能关系表明，物体的质量与能量关系密切，有质量时必有相对应的能量，或有能量时必有相对应的质量。质量发生变化，能量必然发生相应变化；反之，能量发生变化，质量必然发生相应变化。

5.5.6 广义相对论的原理

1. 广义相对性原理

狭义相对论是基于惯性系的，简单来说就是没有加速度的条件，但是世界上根本找不到真正绝对的惯性系，真正的物理世界基本上一动就要涉及加速度。于是爱因斯坦就把相对论从惯性系推广到非惯性系，要让这一套思想在不管有没有加速度的情况下都能使用，在任何参考系中(包括非惯性系)所有的物理规律都是相同的，称为广义相对性原理。

2. 等效原理

下面来看爱因斯坦的电梯思想实验，如图5-5-7所示。想象你正在远离任何引力场的

空间中悬浮在一个电梯内,并且无法知道在电梯以外发生的事情。突然,你手中的球掉落在地板上。此刻,发生了什么呢?你会认为是电梯被引力拉下来了吗?还是觉得电梯正在往上加速?

图 5-5-7　电梯思想实验

事实上,这两种效应会产生同样的结果。于是爱因斯坦宣告:在空间的一个足够小的区域,一个观察者感知的引力场的物理效应和另一个在没有引力场的做匀加速运动的地方的观察者感知的物理效应相同。换句话说,加速度可以"骗"你,让你觉得是在引力场中。

5.5.7　广义相对论的几个结论

时间和空间并不是绝对的。如果运动可以影响时间和空间,而引力和加速度又是同一回事,这就意味着引力也可以影响时间和空间。

物质告诉时空如何弯曲,时空告诉物质如何运动。这就是广义相对论。

下面是广义相对论的 3 个结论。

1. 物质的引力使光线发生弯曲

由于太阳的引力场作用引起曲线弯曲,所以我们有可能观测到太阳后面的恒星,最好的观测时间是发生日全食的时候。

星球的强引力场能使背后传来的光线汇聚,这种现象叫作引力透镜效应。有意思的是,引力透镜不仅是宇宙中天然的放大镜,可以帮助科学家观测宇宙深处的情况,而且会创造出一些神奇的景观,例如图 5-5-8 所示的爱因斯坦环。1998 年,人们用哈勃太空望远镜观测到首个爱因斯坦环。

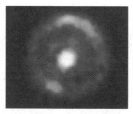

图 5-5-8　爱因斯坦环

宇宙中很可能存在黑洞,它不辐射电磁波,因此无法直接被观测到,但是它的巨大质量和极小体积使其附近产生极强的引力场,引力透镜是探索黑洞的途径之一。2019 年 4 月 10 日,人类首张黑洞的照片在全球同步发布。照片上的黑洞离地球有 5 500 多万光年,照片上是它在 5 500 多万年前的样子。这就是强引力场的证明,黑洞产生的时空曲率最大。太阳使光发生轻微的偏转,而光一旦进入黑洞的视界中,将无法逃脱。

2. 时间间隔与引力场有关

图5-5-9所示转动圆盘实验，除了转轴的位置，各点都在做匀速圆周运动，加速度方向指向盘心。地面上的人看到：越是靠近边缘，速度越大。根据狭义相对论，靠近边缘位置的时间进程较慢。圆盘上的人认为：圆盘上存在引力场，方向由盘心指向边缘，沿着该方向引力势能降低。得出结论：引力势能较低的位置，时间进程比较慢。

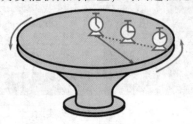

图5-5-9 转动圆盘实验

宇宙中有一类恒星，体积很小，质量却很大，叫作矮星，引力势能比地球低得多，矮星表面的时间进程比较慢，那里的发光频率比同种原子在地球上的发光频率低，看起来偏红，这个现象叫作引力红移。恒星向地球运动使波长变短，恒星远离地球运动使波长变长。

3. 由于物质的存在使时空发生了"弯曲"

在爱因斯坦的广义相对论中有一个很奇妙的结论：空间弯曲越大，时间流淌越慢。对于神话中的"天上一天，地上一年"，通过借鉴以上理论，我们就很容易解释神仙所住的地方，其实就是更靠近引力场或者空间弯曲比地球更大的地方。

相对论中提出了很多颠覆我们常识性思维的奇妙思想，如运动中的尺缩钟慢效应、对同时性观念的否定、时空弯曲等，引发了科学和哲学上的思考。

本节问题：

（1）相对论建立在哪两个假设的基础之上？

（2）相对论有哪些重要的结论？

（3）谈谈对双生子佯谬的看法。

（4）什么是"同时的相对性"？

（5）谈谈对尺缩钟慢效应的理解。

5.6 原子弹、氢弹与核能的和平利用

爱因斯坦在美国用原子弹轰炸日本后曾说过："我们现在毁灭一个文明只需要1 s，可是创造一个文明需要好几个世纪。"大家都知道核武器是实施大规模杀伤破坏的武器，是军事威慑力量的重要组成部分。当然，这种武器目前是不允许被使用的，毕竟核武器的大量使用绝对是可以毁灭地球的。

原子弹、氢弹与核能的和平利用

5.6.1 美国扔到日本的"小男孩"和"胖子"

1939年10月，美国政府决定研制原子弹，1945年造出了3颗。一颗用于试验，另外两

颗投在了日本。1945 年 8 月 6 日，一颗代号为"小男孩"的铀基原子弹（图 5-6-1）被投在广岛，1 min 后，它在广岛市中心爆炸，破坏力超出了所有人的预期，12 km² 内的几乎所有建筑物全部被毁，估计死亡人数 8 万~14 万，而且这个数字不包括那些没有立即被高温和爆炸杀死但接下来几个月内死于放射病的人。3 天后，代号为"胖子"的钚基原子弹（图 5-6-2）在日本的另一座城市长崎爆炸，导致 3.5 万~8 万人丧生。1945 年 8 月 15 日，日本宣布投降，标志着第二次世界大战的结束。自此之后，再也没有任何核装置直接用于战争。

图 5-6-1　铀基原子弹"小男孩"

图 5-6-2　钚基原子弹"胖子"

5.6.2　核能的来源——原子核的结合能

原子弹和氢弹爆炸为什么会放出那么多的能量呢？当核子与核子结合成原子核时，将释放能量，释放的能量就称为原子核的结合能。例如，一个质子和一个中子聚变结合成一个氘核，出现质量亏损，亏损的质量会转化成能量，我们可以根据质能方程算出这部分能量的大小，它以 γ 射线的形式辐射出去。

平均结合能：表示将一个核子放到原子核中平均释放的能量，或把一个核子从原子核中取出平均所需的能量。一个原子核的结合能与它的核子数之比称为"比结合能"，从图 5-6-3 所示的比结合能曲线可知，比结合能中间大两端小，中等质量的核最稳定。重核和轻核的比结合能相对比较小，稳定性较差。所以，重核裂变或轻核聚变都会释放出能量。这就是原子弹与氢弹巨大的能量来源。

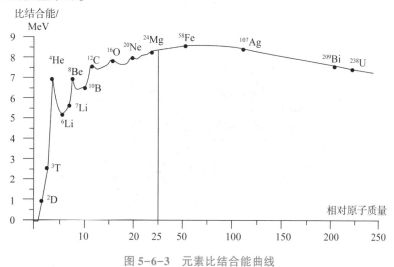

图 5-6-3　元素比结合能曲线

5.6.3 原子核裂变

原子核裂变是一个重原子核分裂成两个较小的且质量相差不大的原子核的现象。原子核裂变过程如图5-6-4所示。在裂变前，原子核处于能量最低的基态，呈球形。核内的质子、中子在不停地运动。核子之间有核力，质子之间有库仑斥力。当中子轰击重核时，重核吸收中子形成复合核，能量增加，核子振荡加剧，由球形变成椭球形。这时核内各核子间的距离增加、核力减小，而库仑斥力则使原子核进一步增大，形成哑铃形。当哑铃形的两端核子之间的库仑斥力大于中间收缩部分核子间总的核力时，形变不能恢复，原子核分裂成两个原子核，放出中子，同时释放能量。

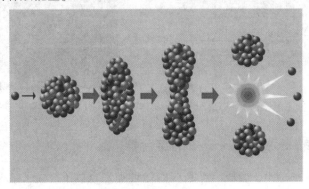

图5-6-4 原子核裂变过程

由重核裂变产生的中子使裂变反应一代接一代继续下去的过程，叫作核裂变的链式反应，如图5-6-5所示。

使裂变物质能够发生反应的最小体积叫作它的临界体积，相应的质量叫作临界质量。发生链式反应的条件：铀块的质量大于临界质量，或者铀块的体积大于临界体积。当^{235}U吸收一个慢速中子时，它会形成一个不稳定的^{236}U核，随后会分裂成两个原子核和两到三个中子，然后发生链式反应，进而产生爆炸。

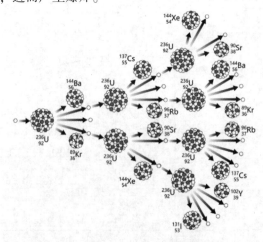

图5-6-5 链式反应示意图

5.6.4　原子弹

原子弹是一种利用能自持进行的核裂变反应释放能量的核武器。为了安全，要保证制备出来的引爆装置在一般情况下达不到临界质量，不会发生爆炸，但引爆后却能立即引发原子弹爆炸。图 5-6-6 所示的枪式结构是最简单的原子弹引爆结构，它的原理是使核燃料质量超过临界质量引发爆炸。投放在广岛的原子弹"小男孩"采用的就是枪式结构。开始时铀块相隔一定距离，且各自小于临界质量，不会发生爆炸，一旦烈性炸药爆炸后，产生的能量使铀块迅速结合在一起，核燃料质量瞬间超过临界质量，立即引发核爆炸。枪式结构虽然相对简单，但需要核燃料数量大，且效率较低，中子要飞行较长距离后才能撞到原子核产生下一次裂变，延缓链式反应规模扩大的速度。

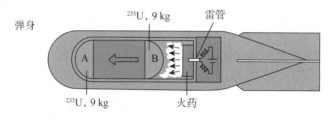

图 5-6-6　枪式结构示意图

原子弹"胖子"采用了层层包裹的内爆式结构，如图 5-6-7 所示，从外往里炸。

启动时，电子雷管会同时引爆金属板下一共 32 个炸药包，冲击波将往里挤压一层球状体（由容易变形的铝制成），最终不断挤压到中心的核材料——^{239}Pu，它是一种比^{235}U 更容易裂变的物质。

因为挤压，^{239}Pu 的密度会迅速增大，达到临界状态，而里面包着的一颗钋铍弹丸球就会放出中子，引发核裂变。外面还有一层^{238}U 用于反射中子，加速链式反应，引发核爆。

内爆式结构可以让核材料更充分地反应。原子弹"胖子"只用了 6.1 kg 的^{239}Pu，TNT 当量就有 2.2 万吨，利用率提高到了 17%。

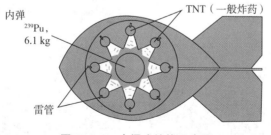

图 5-6-7　内爆式结构示意图

5.6.5　威力巨大的氢弹

氢弹的原理为核聚变，如图 5-6-8 所示，核聚变是两个轻的原子（如氢的同位素氘、氚）核在高温高压下发生碰撞变成一个重的原子（如氦）核并释放中子的现象。核聚变过程中也有质量亏损，放出光和热。

发生核聚变的条件：要使原子核间的距离达到 10^{-15} m，核力才能大于电磁力；必须让轻核具有很大的动能，才能克服极大的库仑斥力。实现的方法有：把反应物加热到很高的温度。核聚变反应又叫热核反应，温度能够达到几百万开尔文。

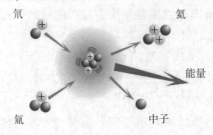

图 5-6-8　核聚变

氢弹利用的就是氕和氘等轻核的核聚变反应，包括 3 个步骤：外围化学爆炸；引燃内部核裂变爆炸（原子弹）；有限空间内产生高温、高压、大量的 γ 射线、X 射线，引起核聚变爆炸（氢弹）。

5.6.6　中国的原子弹和氢弹

1964 年 10 月 16 日，中国的第一颗原子弹在新疆罗布泊试爆成功（图 5-6-9）。由于中国第一颗原子弹的外形类似于球形，所以原本代号叫"老邱（球）"，存放原子弹的容器代号为"梳妆台"。因为其上安装了设备，布满了电线，看起来像小姐的头发一样，所以被叫作"邱（球）小姐"。1967 年 6 月 17 日，中国的第一颗氢弹试爆成功（图 5-6-10）。罗布泊的一声巨响，让中国成为继美国、苏联、英国、法国之后，世界上第五个拥有核武器的国家。同日发表的《中华人民共和国政府声明》称，中国政府一贯主张全面禁止和彻底销毁核武器；中国发展核武器，是为了防御。中国在任何时候、任何情况下，都不会首先使用核武器。

图 5-6-9　中国第一颗原子弹试爆成功

图 5-6-10　中国第一颗氢弹试爆成功

1971 年，邓稼先的挚友、当时已经获得诺贝尔物理学奖的杨振宁，在回国访问时问邓稼先："这些年，你都去了哪儿、做了什么？我怎么看不到你发的文章？我在美国听人说，中国的原子弹是美国人帮助研制的，这是真的吗？"杨振宁和邓稼先（图 5-6-11）是发小，他们从小一块上学，又一起到美国留学，本来是无话不谈的，但是，想到这是国家的机密，邓稼先到了嘴边的话，还是咽了回去。他只是淡淡地说，我以后告诉你。后来，在征得周恩来总理的同意以后，邓稼先连夜给杨振宁写信。信上说：无论是原子弹，还是氢弹，都是中国人自己研制的。杨振宁看到信后激动得流出了泪水，这是喜极而泣。永远缅怀我们的科技英雄们。

图 5-6-11　杨振宁和邓稼先

5.6.7　放射性污染与防辐射

放射性元素的原子核在衰变的过程中会放出 γ、β、α 等射线。这些射线会造成一些污染。由放射性物质所造成的污染，叫作放射性污染。放射性污染的来源可以有很多方面，例如科研工作后排放的含有放射性元素的废渣、废气、废水，核武器试验后的沉淀物以及医疗中或原子能工业中排放的放射性废物等。这些废物都可以对人体造成不同程度的伤害。

放射性物质在环境中可以通过多种途径进入生物体内，并在生物体内放射出破坏机体的大分子结构，甚至直接破坏组织或细胞的结构，给生物体造成伤害。在接触过放射性物质的生物体内，通过研究我们发现放射性损伤可分为急性损伤与慢性损伤。如果在较短的时间内人体受到大量放射性射线（如 γ 射线、X 射线或者中子）的全身照射，那么人体就会受到急性损伤。轻者会出现感染、脱毛等损伤。如果剂量更大，则会出现呕吐、腹泻等肠胃损伤。如果受到更高剂量的照射，损伤会更严重，有的中枢神经会受到损伤，症状主要有昏睡、无力、虚脱、怠倦等，严重时全身肌肉震颤或痉挛，有的甚至会死亡。

放射性污染既然存在，那么针对这一污染，我们应采取适当的方法进行预防，而不能盲目跟从谣言。

以日本的核辐射为例。因受日本核电站泄漏事故的影响，我国好多地区出现了一场抢购食盐的风潮。这次抢盐事件主要是从沿海的一些城市传来。市民抢盐的主要原因有两方面，一方面是我国目前的食盐全部是加碘盐，其中含有碘酸钾，关键时刻可以用来防辐射；另一个方面是有的居民担心海水会被日本的核辐射污染，因此食盐可能会短缺。

然而，相关专家对此次抢盐事件感到非常震惊。他们指出，食盐里碘的含量是很低的，而且碘酸钾不同于碘片里的碘化钾，市民就算吃很多盐，也起不到多大的防辐射效果。而针对海水受辐射污染这种担忧，他们觉得，关键要看日本的核危机是否进一步恶化。但是从目前监测的情况来看，不用担心。

而且，他们还表示，我国食盐大部分是矿盐，海盐的量不会超过 20%。广东省大概也只有 3 成的食盐是海盐，而且我国矿盐资源充裕，不会供应不上。专家认为抢购碘盐毫无必要。专家也表示，百姓不需要额外补碘，因为碘过量也容易造成甲状腺疾病。碘盐所含碘属于"微量"，微量的碘起不到阻隔甲状腺吸收放射性碘的作用，对防辐射起不到作用。

防辐射比较有效的方法是每天服用一片碘片（碘化钾片），因为每片碘片中含有 100 mg

的碘，而根据相关部门的规定，每千克食用盐中碘含量仅为 20～30 mg。

而另据新华社报道，世界卫生组织称，碘化钾片并不是"辐射解毒剂"，也不是所有人都适合服用，只有在公共卫生机构的明确指导下，才能够服用。否则，过量服用还会对人体造成副作用。

当出现核辐射突发事件时，我们可以选用就近的建筑物进行隐蔽，应关闭门窗，关闭通风设备；不能迎着风，也不能顺着风跑，应尽量往风向的侧面躲，并迅速进入建筑物内隐蔽；用简易方法（如用手帕、毛巾、布料等捂住口鼻）可使吸入放射性物质的剂量减少约90%；可用各种日常服装（包括帽子、头巾、雨衣、手套和靴子等）对人员体表进行防护等。

5.6.8 核能的和平利用

随着社会的进步，时代的主题逐渐由战争与革命演变为和平与发展，而能源是经济发展与繁荣的引擎，成为关注的焦点。传统的化石燃料在提供能源并为现代经济提供动力的同时，也使得地球的环境受到严重污染和破坏。与之相比，核能几乎不排放温室气体或空气污染物。如果用核能取代传统的化石燃料来供能，则全球的环境问题和温室效应会得到一定的缓解。因此，国际社会把铀视为一种能够帮助实现可持续发展目标和气候承诺的低碳燃料。和平、安全、高效地发展利用核能已逐渐成为国际社会的共识。

核电站是指通过适当的装置将核能转化为电能的设施。核电站利用核能发电，核心设备是核反应堆。核反应堆加热水产生蒸汽，将原子核裂变能转化为热能；蒸汽压力推动汽轮机旋转，将热能转化为机械能；然后汽轮机带动发电机旋转，将机械能转化为电能。

秦山核电站于 1991 年建成投产，是中国自主设计建设的第一座核电站，结束了中国大陆无核电的历史，成为中国核电建设的标志性事件。秦山核电站吹响了我国和平进军核能商用市场的号角。

1994 年建成投产的大亚湾核电站（图 5-6-12）开创了中外合作建设核电站的成功范例。15 年曲折历程，7 年艰苦建设，历尽磨难仍矢志不渝，大亚湾核电站终结了中国没有现代大型商用核电站的历史，向中国乃至世界绘出了一幅气吞山河、动人心魄的壮丽画卷！

图 5-6-12 大亚湾核电站

核能是一种清洁能源，但在运行中会产生核废料，如何处理核废料成为我国广大科技工作者的重大研究课题。经过广大科技工作者的不懈努力，我国已在核废料处理技术方面取得长足进步，已走在世界前列。

利用核裂变原理，人类已建造了几百个核电站，对于核聚变的利用却落后很多。其实，核聚变并不神秘，只要将氢的同位素氘和氚的原子核无限接近，使其发生聚变反应，就能释放出巨大能量。然而，原理看似简单，但要让聚变反应持续可控，可以说难于上青天。"人造太阳"是可控核聚变装置的俗称，它的科学目标是，让海水中大量存在的氘和氚在高温高密度条件下，像太阳一样发生核聚变反应，为人类提供源源不断的清洁能源。这被视为进入第四次工业革命的强大的基石之一。

2020年12月4日14时02分，中国新一代"人造太阳"装置(图5-6-13)——中国环流器二号M装置(HL-2M)在成都建成并实现首次放电，为我国核聚变堆的自主设计与建造打下坚实基础，为人类核聚变事业贡献中国智慧和中国力量。

图5-6-13 中国新一代"人造太阳"装置

本节问题：

(1)什么是核裂变与核聚变？

(2)原子弹和氢弹依据哪一种核反应？

(3)什么是链式反应？

(4)如何防辐射？

5.7 物质观的革命——量子理论

原子物理学的奠基人——玻尔曾说过这样一句话："如果谁不曾对量子理论感到困惑，他就根本没有理解它。"很多人提起量子理论都会皱眉头，其实量子理论没有那么难，所有人都可以理解它的深刻内涵。

物质观的革命
——量子理论

5.7.1 早期量子理论的发展

19世纪末，当经典物理学的发展已经十分成熟时，却发现了某些无法用经典物理学理论解释的实验现象，如黑体辐射、光电效应、氢原子光谱、康普顿效应等。正是这几朵"乌云"，促成了量子理论的建立，在接下来的几十年，深刻地改变了人们的物质观。

科学家面对黑体辐射问题，通过以经典物理学为背景的瑞利-金斯定律，来计算黑体辐射强度与能量之间的关系，却发现以经典物理学理论所计算的黑体辐射强度会随辐射频率上升，而趋向于放出无穷大的能量，其结果与实验数据无法吻合，如图5-7-1所示。图中 $M_{B\lambda}(T)$ 表示光谱辐射出射度，"-○-"线表示实验结果。如何解释这一现象，逐渐演变成笼罩在经典物理学上空的"乌云"。

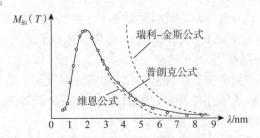

图 5-7-1　热辐射的理论公式与实验结果的比较

大约从 1894 年起，普朗克(图 5-7-2)开始研究黑体辐射问题，他为了得到与实验结果一致的公式，大胆放弃经典物理学中能量连续的概念，提出"能量子"假设，认为能量是一份一份的，是不连续的。普朗克利用该理论得到的普朗克公式计算出的结果与实验数据完美吻合，由此敲开了量子力学的大门。1900 年 12 月 14 日，普朗克在德国物理学会上报告这一结果，成为量子理论诞生和新物理学革命宣告开始的伟大时刻。由于这一发现，普朗克获得了 1918 年诺贝尔物理学奖。

图 5-7-2　普朗克(1858—1947)

19 世纪中叶起，人们发现光谱可以用作定性化学分析，并利用这种方法发现了当时未知的几种元素。此后，氢原子光谱成为光谱学研究的重要课题之一。1885 年，瑞士人巴尔末(图 5-7-3)根据光谱数据总结出一个经验公式来说明已知的氢原子谱线位置，此后便把这一公式称为巴尔末公式。

图 5-7-3　巴尔末(1825—1898)

尽管巴尔末公式的形式十分简单，但是当时对其起因却茫然不知，长期以来，人们一直试图从理论上解释巴尔末公式，直到将近 30 年后，才由一位来自丹麦的年轻人玻尔对它做出解释。

　　1912 年，年轻的玻尔来到曼彻斯特跟随卢瑟福进行原子稳定性的研究。这一问题源自卢瑟福原子行星模型的不稳定性，物理学家指出，若卢瑟福原子行星模型是正确的，则电子在绕原子核转动时会辐射出能量，如图 5-7-4 所示，最终电子必将坠落到原子核上，在这个过程发生的一瞬间整个世界都将会毁于一旦。

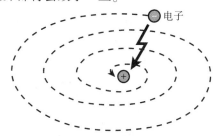

图 5-7-4　原子核坍缩示意图

　　然而，理论预言中的毁灭并没有出现，电子依然绕着原子核旋转。那么，问题出在哪儿呢？面对这个困扰着卢瑟福的难题，年轻的玻尔大胆提出几条假设，将定态条件、频率条件的对应原理引入卢瑟福原子行星模型。

　　玻尔根据改进的原子模型，得到了氢原子的能级公式，他觉得只有能量取这样值的轨道才是允许的、存在的。然而，如何证明这个理论的正确性呢？

　　氢原子的能级公式：

$$E = \frac{me^4}{2\hbar^2 n^2} \tag{5-7-1}$$

式中，$\hbar$ 为约化普朗克常量，$\hbar = h/2\pi$，普朗克常量 $h = 6.626\,070\,15 \times 10^{-34}\,\text{J}\cdot\text{s}$；$E$ 为能级；n 和 m 为量子数。

　　巴尔末公式：

$$\frac{1}{\lambda} = R\left(\frac{1}{2^2} - \frac{1}{n^2}\right), \quad n = 3,\ 4,\ \cdots \tag{5-7-2}$$

式中，R 为里德伯常量，其值为 $1.097\,373\,157 \times 10^7\,\text{m}^{-1}$；$\lambda$ 为波长。

　　定态 E_n 和 E_m 间的跃迁：

$$\nu = \frac{E_n - E_m}{h} = R\left(\frac{1}{m^2} - \frac{1}{n^2}\right) \tag{5-7-3}$$

　　1913 年 2 月，玻尔在与大学同学光谱学家汉森的谈话中，第一次听到了氢原子光谱的巴尔末公式，就在当天，他从文献堆里找到这个公式，他刚看了一眼，就立刻意识到，巴尔末公式正是他苦苦寻找的行星模型原子稳定性的证据。巴尔末公式对玻尔的理论构想来说，就像是七巧板的最后一块。这是因为巴尔末公式和他的原子稳定性理论是完全吻合的。

5.7.2　量子力学

　　量子力学创立以前的量子学说统称旧量子论，主要包括普朗克的能量量子化假说、爱因斯坦的光量子假说和玻尔的原子模型。旧量子论只是在经典理论的基础上生硬地加上了一些人为假设，没有完善的理论体系，在解释除氢原子外的其他稍复杂一些的原子光谱时有很大困难。这些都反映了旧量子论的局限性。但是，旧量子论具有承前启后的伟大作用。

在旧量子论的基础上，以基本粒子的波粒二象性为基础，经过薛定谔、海森堡、狄拉克和玻恩等的开创性工作，终于在 1925 年至 1928 年间形成了完整的量子力学理论。

1. 德布罗意与物质波

1924 年，法国物理学家德布罗意（图 5-7-5）在博士论文中提出了物质波的思想，爱因斯坦给予了高度评价："揭开了自然界巨大帷幕的一角。"波粒二象性是量子力学理论系统的基础，诺贝尔物理学奖获得者费曼将其称为"量子力学中一个真正的奥秘"。

图 5-7-5　德布罗意（1892—1987）

2. 微观世界的"牛顿方程"——薛定谔方程

薛定谔方程：

$$i\hbar = \frac{\partial \psi}{\partial t} = \left[\frac{-\hbar^2}{2m} \nabla^2 + V(r, t) \right] \psi \tag{5-7-4}$$

式中，ψ 为波函数，它是薛定谔方程的解，用来描述微观粒子的状态；m 为粒子的质量；$V(r, t)$ 为描述势场的函数。

薛定谔方程在物理史上具有极伟大的意义，被誉为"十大经典公式"之一，量子力学的核心方程就是薛定谔方程，它就好比牛顿第二定律在经典力学中的位置。正是基于薛定谔方程的建立，之后才有了关于量子力学的诠释，如波函数坍缩、量子纠缠、多重世界等的激烈讨论。可以说，薛定谔方程敲开了微观世界的大门，帮助量子力学颠覆了整个物理世界。

3. 矩阵力学与不确定关系

海森堡（图 5-7-6）提出了著名的"不确定关系"：一个运动粒子的位置和它的动量不可被同时确定。1926 年，海森堡被聘为哥本哈根大学玻尔研究所的讲师，协助玻尔进行研究。隔年，他发表了论文《论量子理论运动学与力学的物理内涵》。

图 5-7-6　海森堡（1901—1976）

他在这篇论文中提到，在使用显微镜测量电子的位置时，需要通过入射光子来确定其位置，这会不可避免地搅扰电子的动量，造成动量的不确定性，如图5-7-7所示。海森堡紧跟着给出"不确定关系"：越精确地知道位置，则越不精确地知道动量，反之亦然。

图5-7-7 "不确定关系"实验
(a)测量之前；(b)测量发生后

想象一下：房间内有一个皮球，但是你蒙着眼睛，为了寻找皮球的位置，就用脚去试探。当用脚确定球的位置的时候，球必然被踢到，其动量也就必然被改变。

4. 正电子的发现与物理学的对称之美

20世纪20年代，狄拉克(图5-7-8)建立了描述电子行为的方程。该方程中有一项算式没有物理解释，出于对对称性的考虑，狄拉克很快为这项算式提出了一个物理解释：他规定每一个电子都具有对应的带正电荷的反电子，这正是方程中多的分量要表达的内容。几年后，正电子在宇宙射线中被发现，现在它应用于医疗诊断中的正电子发射体层成像(Positron Emission Tomography，PET)，造福人类。

图5-7-8 狄拉克(1902—1984)

5. 叠加态

"薛定谔的猫"是薛定谔于1935年提出的有关猫生死叠加的著名思想实验。如图5-7-9所示，在一个封闭的盒子里装有一只猫和一个与放射性物质相连的释放装置。在一段时间之后，放射性物质有可能发生衰变，从而触发装置放出毒气，也有可能不发生衰变，因此依据常识，这只猫或是死的，或是活的。而依据量子力学中的解释，波函数坍缩依赖于观察，在观察之前，这只猫应处于不死不活的叠加态，这显然有悖于人们的常识。"薛定谔的猫"很好地阐述了20世纪量子力学这个科学成就的突破性和争议性。随着量子力学的发展，"薛定谬的猫"还延伸出了平行宇宙等物理问题和哲学争议。

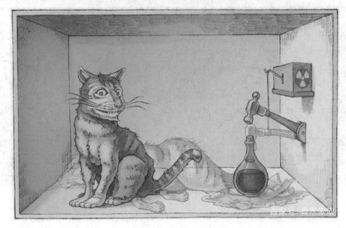

图 5-7-9　薛定谔的猫——一只既死又活的猫

6. 势垒贯穿

在量子世界中，还有一些完全有悖于我们日常经验的现象，如穿墙术（又称势垒贯穿）。

从经典的观点看，电子的能量如果小于势垒能量，就像被困在围墙里的老虎，无法逃脱出围墙的束缚；从量子的观点看，即使电子的能量小于势垒能量，它也有一定概率穿透势垒。

物理学家对量子世界的种种解释不仅让常人难以理解，即便是伟大如爱因斯坦，也对量子力学的某些基本概念难以接受，因此才有了他与玻尔之间上演的一场长达 20 多年的论战。1927 年第五届索尔维会议上，爱因斯坦和玻尔进行了一场惊天动地的论战，这一次论战精彩纷呈。爱因斯坦抛出一个又一个精妙的思想实验，有时把玻尔逼入困境，陷入长时间的思考，但最终玻尔都用量子理论进行了合理解释。此次论战以经典学派落败告终，哥本哈根学派的理论通过论战获得了更多科学家的认可。

虽然落败，但爱因斯坦依然认为量子理论不一定是错误的，但一定是不完备的。随后的时间里，爱因斯坦先后提出了光子箱和爱因斯坦-波多尔斯基-罗森（Einstein-Podolsky-Rosen，EPR）佯谬来进行反击。1955 年爱因斯坦去世，1962 年玻尔离开这个世界，两人都为各自的信念奋斗了一生。至今，这场涉及物理学及科学哲学的大论战仍在继续，这场论战并不是谁输谁赢这么简单的定义，而是推动了相对论和量子理论两大领域的共同发展。

5.7.3　量子力学的应用

量子力学的建立，更新了人们的物质观，为人们打开了认识新世界的大门。现代科技的发展离不开量子力学，如扫描隧道显微镜（图 5-7-10）、晶体衍射等。

晶体管是微处理器中的基本硬件，由半导体材料制成。离开量子力学，将不能认知半导体，无法对晶体管进行工程设计，因此就没有微处理器，也就没有现在的计算机和手机。

激光是根据量子力学原理预言的产物。日常生活中激光的应用随处可见，如光盘的刻录与信息读取、激光条码扫描仪、激光打印机、激光治疗手术和光纤通信等。

图 5-7-10 扫描隧道显微镜

近些年来我国在量子通信领域取得了显著成就，其中"墨子号"（图 5-7-11）作为我国在量子通信领域里的主要系列，一直是中流砥柱。

潘建伟团队及其他团队共同努力，让基于量子纠缠的量子密钥分发并不依靠中继通信，而是将中继通信转化为量子纠缠源，从而解决了量子密钥分发过程中的安全问题。该研究发现树立了量子通信领域的里程碑，不仅创造了人类文明的历史，还可能是开启量子通信下一阶段的大门。

图 5-7-11 "墨子号"

作为物理世界最神秘的一员，量子世界仍然有许多奥秘等待人们探索，量子力学的正确性经受住了时间的考验，在可以预见的未来，量子力学在人们的生产生活中必将继续发挥重要的作用。

本节问题：

（1）狭义相对论的两个基本原理是什么？

（2）什么是不确定关系？

附 录

实验1 探秘"水上飞"

实验2 合金有记忆吗

实验3 无线充电

实验4 小电池的大用途

实验5 激光笔的奇思妙想

实验6 神奇的全反射

参 考 文 献

[1]倪光炯，王炎森. 物理与文化[M]. 3 版. 北京：高等教育出版社，2015.

[2]施大宁. 文化物理[M]. 北京：高等教育出版社，2011.

[3]赵峥. 物理学与人类文明十六讲[M]. 北京：高等教育出版社，2008.

[4]马文蔚. 物理学原理在工程技术中的应用[M]. 北京：高等教育出版社，2006.

[5]爱因斯坦. 狭义与广义相对论浅说[M]. 杨润殷，译. 北京：北京大学出版社，2006.

[6]褚圣麟，刘玉鑫. 原子物理学[M]. 2 版. 北京：高等教育出版社，2022.

[7]东南大学等七所工科院校编，马文蔚，周雨青，等. 物理学[M]. 7 版. 北京：高等教育出版社，2020.

[8]施大宁. 物理与艺术[M]. 3 版. 北京：高等教育出版社，2023.

[9]杨柳芳，蒋加林. 成语中的物理学[M]. 成都：四川辞书出版社，2019.

[10]何定梁. 生活的物理(2)[M]. 上海：上海远东出版社，2003.

[11]吴宗汉. 名家通识讲座书系：文科物理十五讲[M]. 北京：北京大学出版社，2004.

[12]郭奕玲. 物理学史[M]. 2 版. 北京：清华大学出版社，2020.